Traktoren

Foto: Georg Hennecke

© 2003

Zweite Auflage 2008

Verlag Podszun-Motorbücher GmbH
Elisabethstraße 23-25, D-59929 Brilon
Herstellung Druckhaus Cramer, Greven
Internet: www.podszun-verlag.de
Email: info@podszun-verlag.de

ISBN 978-3-86133-316-6

Udo Bols

Traktoren

Die wichtigsten deutschen Schlepper von den Anfängen bis zum Jahr 2000

PODSZUN

INHALT

Sie sind die unermüdlichen Helfer in der Forstwirtschaft, auf dem Bau, und in vielen anderen Bereichen. Aber nirgendwo waren sie so wichtig, wie in der Landwirtschaft, dort haben sie die Arbeitsbedingungen revolutionär verändert: Die Traktoren, auch Schlepper oder Trecker genannt. Die Entwicklung der Traktoren ist verbunden mit der Nutzung der Dampfkraft und des Verbrennungsmotors. Die Erfindung der Dampfmaschine durch James Watt im Jahr 1782 ermöglichte später die Einführung des Seilpflugsystems. Auch der erste Gleiskettentraktor von 1896 wurde durch Dampfkraft angetrieben. Erst die Entwicklung des Otto- und später des Dieselmotors ermöglichte wegen des wesentlich geringeren Volumens und wegen der kleineren Masse, Energiequelle und landwirtschaftliches Gerät zum Motortragpflug zu verbinden.

Erster Dampfkraft-Kettentraktor von F. A. Blinow von 1896

Gegenüber dem tierischen Zugmittel konnte die Dampfflokomobile zusammen mit einem Seil-Kipppflug rationeller und tiefgründiger große Bodenflächen bearbeiten

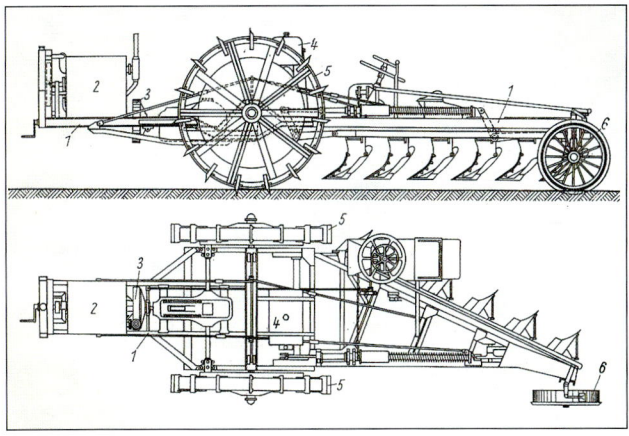

Stock-Motortragpflug von 1910.
1) Fahrgestell und Pflugrahmen; 2) kopflastig eingebauter Ottomotor; 3) Konuskupplung; 4) Kraftstoffbehälter; 5) Treibradpaar; 6) lenkbares Heckstützrad

Motorschlepper mit Eisenrädern wurden 1920 eingeführt

Der Viertakt-Ottomotor, den Nikolaus August Otto und Eugen Langen 1876 präsentierten, begründete den Aufstieg der Motorentechnik. Bei dem Verbrennungsmotor wird der Verbrennungsvorgang durch zeitlich gesteuerte Fremdzündung eingeleitet. Der Viertaktmotor war ein enormer Fortschritt gegenüber den Zweitaktern, die Otto bereits im Flugkolbenmotor verwirklicht hatte.

Der Dieselmotor wurde nach seinem Erfinder Rudolf Diesel benannt, der ihn in Zusammenarbeit mit der Maschinenfabrik Augsburg und der Firma Friedrich Krupp entwickelte. 1892 erhielt Diesel das Patent für diesen Verbrennungsmotor mit hohem Verdichtungsverhältnis bis etwa 1:22 und einem Wirkungsgrad bis 40 Prozent. Die durch den Kolben hochkomprimierte Luft im Zylinder erwärmt sich so stark, dass das mit hohem Druck eingespritzte Leichtöl (Dieselöl) sich selbst entzündet.

Diese Motoren ermöglichten den Bau kurzer, wendiger Zugmaschinen. Noch während des Ersten Weltkriegs wurde die Serienfertigung von Radtraktoren mit Eisenrädern begonnen. Damit war ein vielseitiger Einsatz motorischer Zugkraft bei weiteren Feldarbeiten möglich, und die Traktoren entwickelten sich zur Standardform des Zweiachsschleppers.

Kettenschlepper von Linke-Hoffmann, Patent Stumpf, von 1929

Ein weiterer großer Fortschritt bedeutete etwa 1930 die Einführung der Luftbereifung. Dadurch wurde der Traktor auch auf der Straße verwendbar und konnte neben der Feldarbeit auch landwirtschaftliche Transportaufgaben erledigen. Zur Zapfwelle und Riemenscheibe gesellten sich dann Kraftheber und Mähantrieb. Verstand man den Schlepper bis zu diesem Zeitpunkt eher als Ersatz für Rind und Pferd, so wurde er jetzt immer mehr zum Träger von Arbeitsgeräten und Energiespender.

Die weitere Entwicklung war bestimmt von der Schaffung gut durchdachter Gerätesysteme, die möglichst direkt an den Traktor angebaut werden sollten. Wichtig war dabei eine kürzere Gesamtbaulänge wegen der Wendigkeit, und außerdem waren die Techniker bemüht, die Sichtmöglichkeiten des Schlepperfahrers zu optimieren.

Neben der Entwicklung der Erntemaschinen zu sogenannten selbstfahrenden Vollerntemaschinen wurde der Aufgabenbereich der größeren Traktoren erweitert. So wurden Möglichkeiten geschaffen, Erntemaschinenelemente vom Trieb- und Fahrwerk zu gestatten. Dadurch wurde die effektivere Ausnutzung des Traktors erreicht. Aber auch die dem Schlepper eigentlich zugedachte Arbeit, Vollerntemaschinen zu ziehen und den Antrieb der Erntemaschinenelemente über die Zapfwelle zu besorgen, blieb weiter erhalten.

Frontlader wurden ab 1949 eingesetzt. Die Hanomag „Alligatorzange" eignet sich besonders für das Laden von Dung und Heu (oben). Der 1950 entwickelte Geräteträger ermöglichte die Geräteanbringung vor, hinter, zwischen und über den Achsen und brachte eine gute Gerätebeobachtung (unten).

Luft-Gummireifen wurden um 1930 eingeführt und ermöglichten größere Geschwindigkeiten und vielfältigere Einsätze

Der 1937 eingeführte Dreipunktanbau mit Kraftheber erleichterte bei Pflegearbeiten die Einmannarbeit. Dieser Ruhrstahl-Schlepper mit 20 PS Henschelmotor ist mit einem Zwischenachsgrubber und Anbau-Schottlöffelegge ausgerüstet.

Im Folgenden werden rund 70 wichtige Traktoren beziehungsweise Traktorbaureihen namhafter deutscher Hersteller chronologisch präsentiert. Die Auswahl ist selbstverständlich subjektiv und für die Richtigkeit von Daten und Fakten kann trotz sorgfältiger Recherche keine Garantie übernommen werden. Sollten Sie liebe Leserin, lieber Leser, Ungenauigkeiten feststellen, wären wir für die Übermittlung an den Verlag sehr dankbar.

Das Buch richtet sich in erster Linie an sogenannte Einsteiger, Zeitgenossen also, die sich einen ersten Überblick über die faszinierende Welt der Traktor-Historie verschaffen wollen. Für weitergehende Informationen sei das Buch „Die berühmtesten deutschen Traktoren aller Zeiten" von Michael Bach empfohlen. Weitere Literaturangaben finden sich am Schluss des Buches.

Ein besonderer Dank gebührt Herrn Klaus Vollmar vom WK-Verlag in Bad Salzuflen, der sein Bildarchiv zur Verfügung stellte. Außerdem sei dem Verlag für die angenehme, konstruktive Zusammenarbeit und den Mitarbeiterinnen für die wunderschöne Gestaltung des Buches herzlich gedankt. Ihnen, liebe Leserin, lieber Leser, wünsche ich nun viel Vergnügen bei der Lektüre des Buches

Ihr Udo Bols

Mit dem Allradantrieb für Traktoren wurde eine Verbesserung der Zugfähigkeit durch die volle Ausnutzung der Geamtmasse zur Adhäsion erreicht. Sämtliche Räder des Traktors werden über ein aus- und einschaltbares Verteilergetriebe angetrieben. Für die Bearbeitung von Böden in hügeligem oder steilem Gelände war der Allradantrieb ein enormer Fortschritt.

as von Heinrich Lanz 1859 gegründete Unternehmen entwickelte sich ab den 1920er Jahren zum führenden Werk der deutschen Landmaschinenindustrie. Der 1921 vorgestellte 12 PS Lanz Bulldog war der erste Rohöltraktor der Welt mit Glühkopfmotor, bei dem der Kraftstoff in Richtung eines Zündsackers eingespritzt wird. An dem vor dem Anlassen glühend vorgewärmten Zündsack entflammen die Kraftstoffteilchen und erfahren unter Sauerstoffmangel eine Vorverbrennung, bis der Kolben während der Verbrennung genügend Frischluft in den Brennraum drückt und so die vollständige Verbrennung ermöglicht wird. Dieser Bulldog, so genannt wegen seines bulligen Aussehens, wurde angetrieben von einem liegenden 6235 ccm Einzylinder Zweitaktmotor mit 12 PS bei 420 U/min. Die Bezeichnung Bulldog prägte sich so intensiv ein, dass sie fortan für alle Lanz Traktoren verwendet und in der Tat weltberühmt wurde.

Der erste 12 PS Lanz Bulldog von 1921 (oben und ganz unten), und die Version mit Vierradantrieb und Stahlreifen von 1924

Die Hanomag (Hannoversche Maschinenbau Aktiengesellschaft) zählte ebenfalls zu den bedeutendsten Traktorherstellern in Deutschland. Bei dem WD Radschlepper war das Gehäuse als Tragorgan ausgebildet, ein Rahmen also nicht vorhanden. Weil die Hanomag sich als „Anhängerin des Mehrzylinder Viertakt Motors" verstand, wurde dem WD kein Glühkopf-, sondern ein Vergasermotor eingebaut. Es handelte sich um einen 4252 ccm Viertakt Vierzylindermotor, der mit Petroleum 28 PS, mit Benzin 30 PS und mit Benzol 32 PS leistete. Motor, Getriebegehäuse und Hinterachstrichter waren als Einheit ausgeführt, alle Zylinder in einem Block zusammen gegossen. Nur der Zylinderkopf wurde getrennt ausgeführt und besaß hängende Ventile, die durch eine Nockenwelle von unten gesteuert wurden. Das angeblockte Getriebe verfügte über drei Vorwärtsgänge und einen Rückwärtsgang. Die Gänge erreichten zwei, vier und acht km/h. Der WD R 28/32 wurde von 1925 bis 1935 gebaut und errang einen hervorragenden Ruf.

Hanomag WD Radschlepper R 28/32. Die Riemenscheibe diente zum Antrieb ortsfester Arbeitsmaschinen.

Längsschnitt durch den Hanomag WD Radschlepper R 28/32: 1 Kurbelwelle, 2 Pleuelstange, 3 Kolben, 4 Schwungrad, 5 Ventile, 6 Nockenwelle, 7 Anwurfkurbel, 8 Ölsieb, 9 Ölpumpe, 10 Entlüftung, 11 abnehmbarer Zylinderkopf, 12 Ventilschutzhaube, 13 Windflügel, 14 Wasserpumpe, 15 Lamellenkupplung, 16 Antriebswelle des Schaltgetriebes, 17 Schiebewelle, 18 Kupplungshebel, 19 Wechselräder, 20/21 Zahnradübersetzungen, 22 Vorgelegewelle, 23 Riemenscheibenantrieb, 24 Antriebsrad für Ausgleichsgetriebe, 25 Zahnräder auf Vorgelegewelle, 26 Lenkbock, 27 Gashebel, 28 Lenkrad, 29 Lenksegment, 30 Kegelrad der Steuersäule, 31 Riemenscheibe, 32 Kühler, 33 aufklappbare Motorhaube, 34 Brennstoffbehälter, 35 Angriffspunkt der Mittenzugvorrichtung, 36 Vorderachsstreben, 37 Mittenzugvorrichtung, 38 Zugöse, 39 Pendelachse, 40 Triebräder, 41 Vorderräder, 42 Greifer, 43 Greifererhöhungen, 44 Schneidkränze, 45 gefederter Führersitz, I-IV drei Gänge und Rückwärtsgang

Diese Aufnahme, die das Titelblatt eines sechsseitigen Werbeprospektes von 1928 ziert, soll demonstrieren, dass der Hanomag Radschlepper R 28/32 auch bei winterlichen Temperaturen seinen Dienst tat.

Parallel zum Radschlepper bot Hanomag ab 1926 den WD Raupenschlepper an. Er war ebenfalls mit einem Vierzylindermotor, der mit Benzin, Benzol oder Petroleum gespeist werden konnte, ausgerüstet. Die Hanomag stellte diesen Traktor in einer 25 PS Version her, die etwa 2000 kg ziehen konnte und einer 50 PS Version, die Lasten bis zu 6000 kg schaffte. Um eventuell auftretende Verzerrungen aufzunehmen, war zwischen der Kupplung und dem Getriebe ein Karadangelenk eingebaut. Das Schleppergestell wurde auf jeder Seite von sechs gefederten Rollen getragen. Diese rollten auf der Gleiskette ab und übertrugen die Kettenlast auf einen verhältnismäßig großen Teil der Laufkette. Die Gleiskette selbst wurde durch ein besonderes Führungszahnrad angetrieben. Der Antrieb der Gleisketten erfolgte vom Getriebe über ein Differential. Dadurch wurde es möglich, eine der Gleisketten zu bremsen, um Kurven fahren zu können. Die Glieder der Gleiskette waren durch Bolzen und Buchsen miteinander verbunden. Jedes einzelne Glied besaß gepresste Laschen, aufgeschraubte Bodenplatten und Schutzplatten.

1926 **LANZ** *Großbulldog HR 2*

Mit einem Hubraum von 10336 ccm und dem Gewicht von rund 3000 kg war der HR 2 in der Tat ein Großbulldog. Die Länge betrug 3200 mm, die Breite 1900 mm. Dieser Lanz wurde auch Verdampfer Bulldog genannt: Er besaß keinen Kühler, es handelte sich also um eine Verdampfungskühlung, bei der das recht schnell verdampfende Kühlwasser in dem 180 Liter fassenden Wassertank immer wieder ersetzt werden musste. Die Leistung des Zweitakt Diesel-Glühkopfmotors war mit 22/28 PS angegeben, 22 PS Dauerleistung, 28 PS Höchstleistung über eine Stunde. Mit den vier Gängen waren Geschwindigkeiten von 4,3 km/h bis 13,2 km/h möglich. Lieferbar waren mehrere Ausstattungsversionen. Auch eine Variante als Verkehrs-Bulldog mit doppelter Hinterrad-Gummibereifung, elektrischer Beleuchtung und Hupe war zu haben, bei der der Auspuff nach unten gerichtet war. Die Schlepplast „auf ebener Straße" war werksseitig mit 20 Tonnen angegeben.

Der erste 12 PS Lanz Bulldog von 1921 (oben und ganz unten), und die Version mit Vierradantrieb und Stahlreifen von 1924

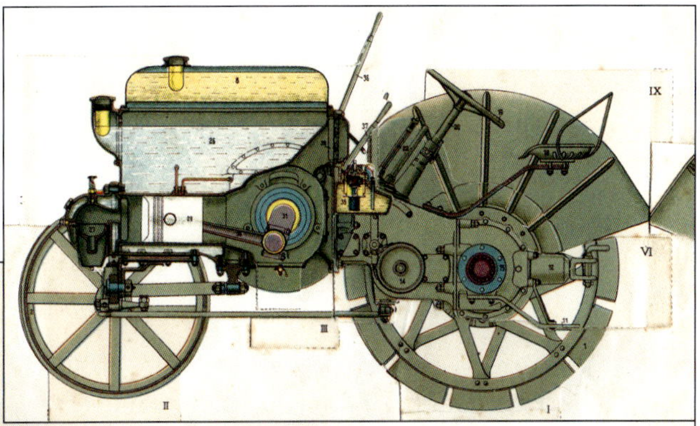

Der Großkraftschlepper, wie er in einem Prospekt genannt wurde, von Linke-Hofmann-Busch aus Breslau, wurde 1929 präsentiert und der Werbespruch „Rübezahl ist auf dem Weltmarkt konkurrenzlos" war gar nicht so übertrieben. Der Vierzylindermotor leistete 50 PS bei 1100 U/min und erreichte eine Höchstgeschwindigkeit von bis zu 15 km/h, ein enormer Wert für einen Raupenschlepper. Das Arbeitstempo wurde im ersten Gang mit 4,3 km/h, im zweiten mit 5,8 km/h und im dritten mit 8 km/h angegeben. Auf beiden Seiten der Raupe befanden sich unabhängig voneinander federnde Laufrollenkästen, die eine flexible Bodenhaftung bewirkten. Rübezahl wog 3200 kg, war 3200 mm lang, 1600 mm breit und verfügte über eine Zugkraft am Haken von 2500 kg. Der Vergasermotor wurde später durch einen 55 PS Dieselmotor ersetzt.

Rübezahl als Energiespender beim Drusch auf dem Feld

Der Deutz Dieselschlepper 27/30 PS, hier ein restauriertes Exemplar, lief unter der Baureihenbezeichnung MTZ

Kurz bevor das traditionsreiche, von keinem geringeren als Nikolaus August Otto mitgegründete Unternehmen Gasmotoren-Fabrik Deutz AG zur Humboldt-Deutzmotoren AG fusionierte, entstand 1929 der Deutz Diesel-Schlepper 27/30 PS. Dieser Schlepper verschaffte dem Kölner Hersteller den Durchbruch im Traktorenbau. Der bis zu 15 km/h schnelle Straßenschlepper verfügte über eine Zugleistung von bis zu 20 Tonnen und arbeitete mit drei Vorwärtsgängen und einem Rückwärtsgang. Der liegende Zweizylinder Viertaktdieselmotor mit 5722 ccm Hubraum war vollständig gekapselt und konnte, wie es die Werbung betonte „aus kaltem Zustand ohne feuergefährliche Anheizlampe" angelassen werden. Die Maße: 1550 mm breit bei einfacher und 1800 mm breit bei doppelter Bereifung, die Länge betrug 2950 ccm. Dieser Schlepper, später mit 36 PS, wurde bis 1936 gebaut und erreichte eine Auflage von 2165 Exemplaren.

Das **Dieselroß**

mäht und pflügt,
treibt alle Maschinen
und zieht alle Lasten.

XAVER FENDT
MASCHINENBAU · MARKT OBERDORF, ALLGÄU
TELEFON 70

Das Allgäuer Unternehmen Xaver Fendt in Markt-oberdorf ist eines der traditions- und erfolgreich-sten im deutschen Traktorenbau. Der Startschuss fiel 1929 mit dem Bau des Fendt Grasmähers, dem Urahn aller Fendt Traktoren. Besonders erfolgreich war dieses Gerät nicht, aber der ein Jahr später vorgestellte Klein-schlepper „Dieselross" startete durch. Ausgerüstet mit einem liegenden Einzylinder Viertakt-Dieselmotor mit Verdampfungskühlung leistete er zunächst 9 PS, ab 1936 12 PS und erreichte eine Höchstgeschwindigkeit von 8 km/h. Lieferbar war der Schlepper mit Gummi- oder Eisenrädern. Die Abmessungen: 2600 mm Länge, 1500 mm Breite, die Zugkraft betrug vier Tonnen. 1937 wurde dieses erste Dieselross von dem F 18 mit 16 PS und dem F 22 mit 22 PS abgelöst, die bis 1942 gebaut wurden.

Fendt Dieselross-Kleinschlepper von 1930

Der Fendt Dieselross Kleinschlepper F 18 wurde von 1937 bis 1942 gebaut

Das Dieselross F 22 war von 1938 bis 1942 im Programm

Das Dieselross F 22 im Einsatz

Bereits ab 1925 wurden bei Kramer im badischen Gutmadingen Traktoren gebaut, unter anderem der so genannte Kleine Kramer. Der 1935 vorgestellte Allesschaffer aber wurde auf Anhieb ein Erfolg: bis 1939 waren bereits mehr als 10.000 Exemplare verkauft. Er war als K 12 mit 11/12 PS und einer Höchstgeschwindigkeit von 12 km/h lieferbar und als K 18 mit 16/20 PS und 16 km/h. Der liegende Viertakt Einzylinder-Dieselmotor war mit Verdampfungskühlung ausgestattet. Der K 12 war 2450 mm lang und 1450 mm breit, der K 18 ebenso breit und 2650 mm lang. Die Zugkraft wurde mit 250 Zentner auf „fester, guter, ebener Straße" angegeben. In den Prospekten jener Zeit wurde oft auf die Vorteile von Traktoren gegenüber Pferdegespannen hingewiesen. Bei Kramer lautete das so: „Der rechnende Bauer fragt sich: Was ist billiger: Gespannhaltung oder Schlepper?" Die Antwort: „Unbedingt der mit Rohöl angetriebene Kramer-Diesel". Nach dem Zweiten Weltkrieg wurden der K 12 bis 1950 und der K 18 bis 1948 weiter gebaut.

Der Kramer Allesschaffer K 12 / K 18 war mit einem kräftigen Profilrahmen und üppigen Kotflügeln ausgestattet

LANZ-BULLDOG

Legende:

1 Gefederte Anhängevorrichtung	6 Hauptschalthebel	11 Schmieröl-Behälter
2 Werkzeugkasten	7 Handbremse	12 Schmieröl-Feinfilter
3 Getriebegehäuse	8 Schalter für Beleuchtung	13 Benzin-Behälter
4 Stufen-Schalthebel	9 Batterie	14 Schweröl-Behälter
5 Kupplungspedal	10 Luftfilter	15 Dochtöler

16 Kühlwasser	21 Zylinderkopf	26 Motorkolben
17 Schalldämpfer	22 Sicherheits-Schraube	27 Kurbelwelle
18 Kühlerelemente	23 Zündkopf	28 Schmieröl-Vorfilter
19 Brennstoffdüse	24 Vorderachsfeder	29 Getriebeöl
20 Zündkerze	25 Vorderachse	30 Gefederte Acker-Anhängevorrichtung

PD 2530 /M

Der 20 PS Bauernbulldog D 3500, der 1936 erschien, war einer der erfolgreichsten Lanz-Schlepper: knapp 10.000 Exemplare wurden bis 1942 verkauft. Der 4700 ccm Einzylinder Zweitakt-Mitteldruckmotor erreichte 20 PS in der Höchstleistung, die normale Dauerleistung war mit 17 PS angegeben. Die Standardversion wurde mit Eisenrädern geliefert, als Sonderaus-rüstung waren Luftbereifung (vorn 5,50-16/hinten 9,00-24), Zapfwelle, verlängerte Ackeranhängevorrichtung und Anbaumähbalken möglich. Die Länge betrug 2625 mm, die Breite 1506 mm. Mit Eisenbereifung wog der Bauern-Bulldog 2060 kg, luftbereift 1930 kg.

Lanz 20 PS Bauern-Bulldog mit Eisenbereifung und als luftbereifte Version

ie Bulldogs erhielten 1936 neue Bezeichnungen: 25 PS (D 7506), 35 PS (D 8506) und 45 PS (D 9506). Serienmäßig wurde jetzt Luftbereifung geliefert, Stahlbereifung gehörte zur Sonderausrüstung und war gegen Aufpreis lieferbar. Ebenfalls zur Sonderausrüstung gehörten Hinter- und Vorderradverbreiterungen, die Windschutzscheibe mit elektrischem Scheibenwischer, eine staubdicht verkapselte Zapfwelle, eine motorgetriebene Luftpumpe und ein wasserdichtes Dach mit Seitenwänden und Rückwand. Alle drei Typen waren mit liegenden Einzylinder Zweitakt-Mitteldruckmotoren ausgestattet, die 25 PS- und 35 PS-Version mit 4700 ccm, die 45 PS-Version mit 1030 ccm. Sechs Vorwärts- und zwei Rückwärtsgänge waren verfügbar, wobei im sechsten Gang Geschwindigkeiten von 15,1 km/h (25 PS), 17,7 km/h (35 PS) und 16,7 km/h (45 PS) erzielt wurden. Die 25 PS-Version war 2980 mm lang, 1600 mm breit und 2260 kg schwer, die 35 PS-Version 3350 mm lang, 1792 mm breit und 3000 kg schwer und die 45 PS-Variante 3390 mm lang, 1792 mm breit und 3260 kg schwer, gemessen jeweils die Ausführung mit Ackerluft-Bereifung.

Restaurierter 25 PS Ackerluft-Bulldog D 7506, Baujahr 1939 (oben) und 45 PS Acker-Bulldog D 9500 mit Eisenbereifung

Foto: Georg Hennecke

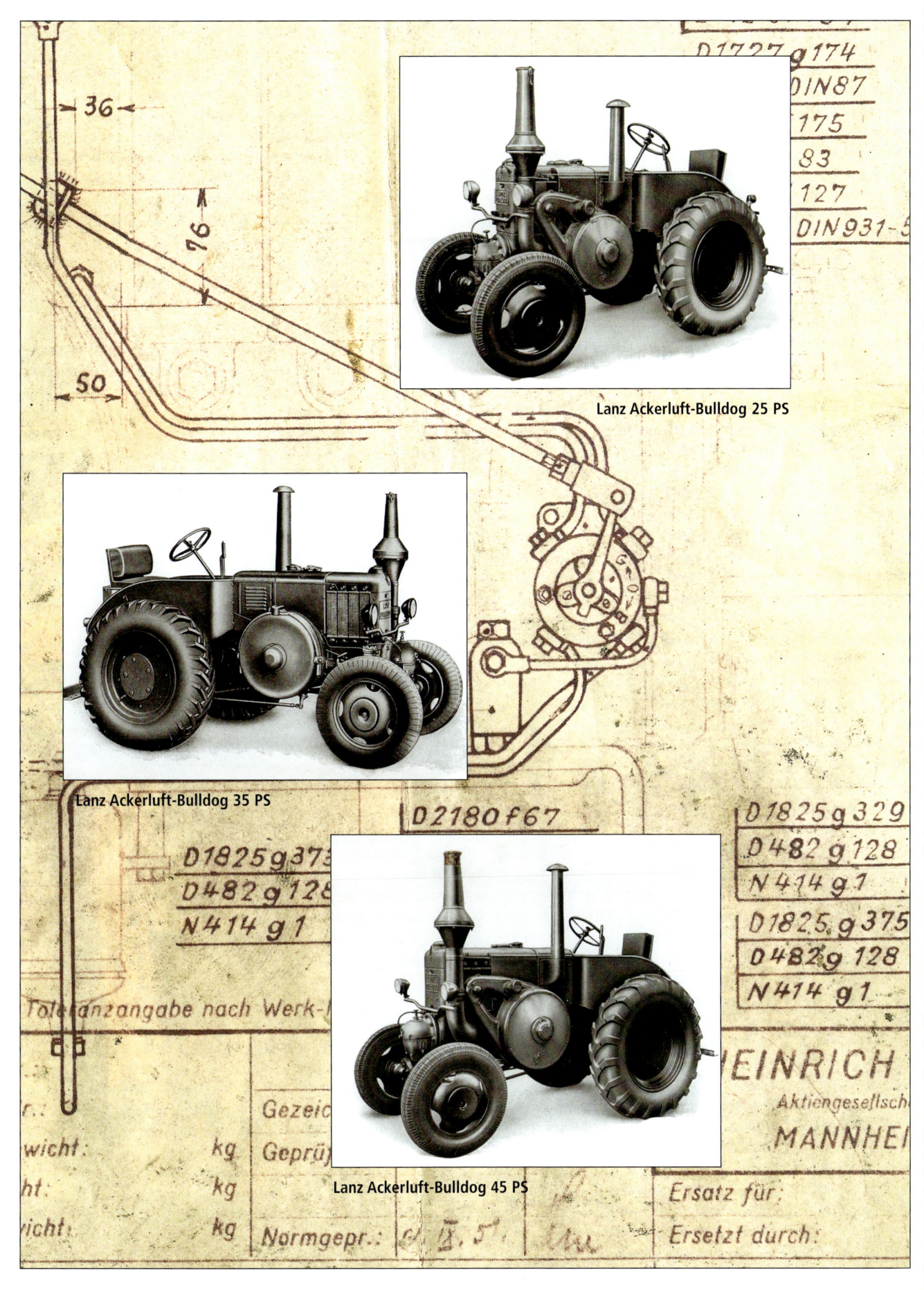

Lanz Ackerluft-Bulldog 25 PS

Lanz Ackerluft-Bulldog 35 PS

Lanz Ackerluft-Bulldog 45 PS

12 PS

Der „Unverwüstliche" trug seine Werbebezeichnung zu Recht: Der 11er Deutz war in der Tat ein äußerst zuverlässiger Bauernschlepper und gilt als einer der besten seiner Zeit. Der Typ F1M 414 wurde von einem stehenden Einzylinder Viertakt-Dieselmotor mit 12 PS und 1100 ccm Hubraum angetrieben. Vier Vorwärtsgänge und ein Rückwärtsgang standen zur Verfügung. Einen Rahmen hatte der 11er nicht, der Vorderachsblock, der Motor und das Getriebe waren unmittelbar miteinander verflanscht. Die Länge betrug 2280 mm, die Breite 1535 mm und ohne Fahrer wog der Schlepper 1180 kg. Mähbalkenantrieb und die elektrische Ausrüstung gehörten zur Serienausstattung, eine Zapfwelle und das Mähwerk gab es gegen Aufpreis. Mit ähnlichem Outfit, aber wesentlich stärker, traten die Typen F2M 417 (Zweizylinder-Dieselmotor mit 35 PS) und F3M 417 (Dreizylinder-Dieselmotor mit 50 PS) an. Die FM-Reihe war sehr erfolgreich und wurde zum Teil auch noch nach dem Zweiten Weltkrieg bis in die fünfziger Jahre weiter gebaut.

Der „11er Deutz": Bauernschlepper F1M 414 mit 12 PS als Prospekt-Modell und nach mehr als 50-jährigem Einsatz

Der 50 PS Deutz Universalschlepper F3M 417 (ganz oben),
der 35 PS Deutz Universalschlepper F2M 417 als restaurierte
Version noch heute im Einsatz (oben) und der F2M 417 auf der
Titelseite eines zweiseitigen Verkaufsprospektes (rechts)

In dem 1904 gegründeten Unternehmen wurden zunächst Stationärmotoren gebaut, bevor man 1938 auch einen Traktor mit eigenem Motor präsentierte: Der Ackerschlepper A 20 mit rahmenloser Blockkonstruktion verfügte über einen stehenden Güldner Einzylinder Viertakt-Dieselmotor mit 1547 ccm Hubraum und 20 PS. Die Höchstgeschwindigkeit im vierten Gang betrug bei der Hinterradbereifung 8,00-20 13 km/h und bei 9,00-24 15,5 km/h. Die Länge maß 2650 mm, die Breite 1540 mm und das Gewicht lag bei 1600 kg ohne die Mähvorrichtung. Eine komplette Lichtanlage gehörte zur Serienausstattung ebenso wie die Anhängevorrichtung. Zapfwelle, Riemenscheibe und Mähantrieb wurden gegen Aufpreis geliefert. Laut Verkaufsprospekt war der A 20 geeignet zum „Pflügen, Schälen, Eggen, Mähen von Gras und Getreide, Ziehen aller Lasten auf Acker und Straße, sowie zum Antrieb von Dreschmaschinen, Schrotmühlen, Sägen, Pumpen etc."

Der Güldner 20 PS Dieselschlepper A 20 von 1937

Der Fahr F 22 beim Pflügen (oben und unten links) und beim Mähen (unten rechts)

Fotos: Fahr-Schlepper-Freunde e.V.

Bei Fahr erschien der erste Traktor 1938, nachdem sich dieses Gottmadinger Unternehmen bereits längst als Landmaschinenhersteller einen Namen gemacht hatte. Der F 22 war in rahmenloser Blockkonstruktion gebaut und mit einem Deutz Zweizylinder Viertaktmotor mit 22 PS ausgerüstet. Das Fünfganggetriebe stammte aus eigener Fertigung und erlaubte Geschwindigkeiten bei Gummibereifung bis zu 19 km/h im fünften Gang. Bei Eisenbereifung waren der vierte und fünfte Gang gesperrt. Der F 22 wog 1880 kg in der Gummireifenversion. Wegen einer Normänderung der Aufsichtsbehörden mussten einige Änderungen an den Achsen und bei der Radbefestigung vorgenommen werden, was Fahr 1940 zum Anlass nahm, die Typenbezeichnung von F 22 in T 22 zu ändern.

Fahr T 22 mit Eisenbereifung (oben) und Fahr T 22 als Straßenzugmaschine (unten)

Fotos: Fahr-Schlepper-Freunde e.V.

Die Landmaschinenfabrik Hermann Lanz in Aulendorf, nicht zu verwechseln mit dem Unternehmen Heinrich Lanz in Mannheim, wurde 1888 gegründet. 1937 kamen die ersten 22 PS-Schlepper auf den Markt, die zunächst noch von Deutz-Motoren angetrieben wurden. Der 1940 vorgestellte „neue" 22 PS-Traktor aber verfügte über einen eigenen Motor. Auch die Getriebe waren aus eigener Produktion. Vier Vorwärtsgänge und ein Rückwärtsgang standen zur Verfügung. Im vierten Gang erreichte der Schlepper 19,3 km/h. Neben der Luftbereifung (vorn 5,25-16 / hinten 9,00-24) wurden auch eiserne Ackerräder angeboten. Eine Zapfwelle für Bindemäher und andere Geräte gehörte ebenso zur Serienausstattung wie eine Differentialsperre.

Der 22 PS-Schlepper von Hermann Lanz in Aulendorf mit hinterer Eisenbereifung (oben) und mit Luftbereifung (unten)

Hanomag-Erzeugnisse genießen den Ruf, robust gebaut zu sein" heißt es in einem Verkaufsprospekt zu dem R 40. Dem kann nicht widersprochen werden, immerhin war Hanomag über Jahrzehnte einer der renommiertesten Schlepper-Hersteller. Selbst heute hat diese Marke noch einen enormen Liebhaber-Kreis. Der R 40 erschien 1942 als schwerer Radschlepper. Der Viertakt Dieselmotor D52 leistete 40 PS und erreichte im fünften Gang 18,7 km/h. Die Maße mit 3500 mm Länge und 1780 mm Breite waren gewaltig. Auf die Waage brachte der R 40 2950 kg und als Zugleistung wurden 22 t im fünften Gang auf „ebener, fester und trockener Straße" angegeben. Die Zapfwelle war serienmäßig, dagegen waren eine Seilwinde mit Riemenscheibenantrieb, ein Verdeck, gepolsterte Sitze, Vorderradkotflügel und Motorhauben-Seitenteile nur gegen Aufpreis zu haben. Trotz der Kriegs- und Nachkriegszeiten wurde der R 40, der bis 1950 im Programm war, rund 9000 mal verkauft und war damit durchaus ein Verkaufsschlager.

Der Hanomag R 40 von 1942

Der Hanomag R 25 Allzweck wurde von 1949-1951 gebaut

Nach dem Zweiten Weltkrieg erschien bei Hanomag als erster neuer Schlepper 1949 der R 25 Allzweck, so genannt wegen der „großen Allzweckräder". Ein Prospekt von Mai 1950 nennt die Vorzüge: „Zugstark, sparsam, unverwüstlich, ruckfreies Fahren, ruhiger Motorlauf, formschön, leicht, preiswert." Der Vierzylinder Dieselmotor mit Vorkammersystem brachte 25 PS und trieb den R 25 im fünften Gang auf 18,3 km/h. Bereift war der Allzweck vorne 5,50-16 und hinten 11,25-24, die Länge betrug 2990 mm, die Breite 1580 mm. Das Leergewicht war ohne Fahrer mit 1865 kg angegeben. Die Zapfwelle war auch hier in der Serienausstattung enthalten, Kraftheber, Polstersitz, vordere Kotflügel, Mähbalken, Allwetterdach, Riementrieb und eine gefederte Zugvorrichtung gehörten zur Sonderausstattung. 1951 wurde der R 25 vom R 28 abgelöst.

ie Maschinenfabrik Augsburg-Nürnberg zählt zu den namhaftesten Nutzfahrzeugherstellern. Der erste Schlepper wurde kurz vor dem Zweiten Weltkrieg präsentiert. Der Ackerdiesel war der erste Nachkriegstraktor. Er war mit einem 25 PS Vierzylinder MAN-Dieselmotor ausgerüstet. Bei der rahmenlosen Blockbauweise bildeten Motor, Getriebe und Hinterachsgehäuse ein völlig steifes Fahrgestell. Angeboten wurde der Schlepper, der mit der Silbernen DLG-Preismünze die höchste Bewertung für Einzelprüfungen errang, mit Zwei- und Vierradantrieb. Bereifung vorne 6,00-16 und hinten 9,00-24. Im fünften Gang erreichte der MAN bis zu 20 km/h, die Länge betrug 2940 mm, die Breite 1663 mm und das Gewicht 1930 kg inklusive Mähbalken, der serienmäßig eingebaut war ebenso wie eine elektrische Lichtanlage und die Zapfwelle. Die 25 PS-Version wurde bis 1953 gebaut, weitere MAN mit der Bezeichnung Ackerdiesel folgten.

MAN Ackerdiesel mit 25 PS

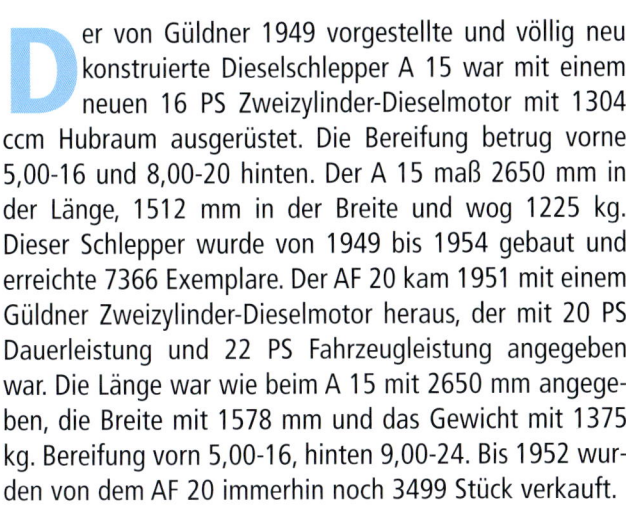

Dieselschlepper 16/17 PS (oben), A 15 (links) und AF 20 (unten)

Der von Güldner 1949 vorgestellte und völlig neu konstruierte Dieselschlepper A 15 war mit einem neuen 16 PS Zweizylinder-Dieselmotor mit 1304 ccm Hubraum ausgerüstet. Die Bereifung betrug vorne 5,00-16 und 8,00-20 hinten. Der A 15 maß 2650 mm in der Länge, 1512 mm in der Breite und wog 1225 kg. Dieser Schlepper wurde von 1949 bis 1954 gebaut und erreichte 7366 Exemplare. Der AF 20 kam 1951 mit einem Güldner Zweizylinder-Dieselmotor heraus, der mit 20 PS Dauerleistung und 22 PS Fahrzeugleistung angegeben war. Die Länge war wie beim A 15 mit 2650 mm angegeben, die Breite mit 1578 mm und das Gewicht mit 1375 kg. Bereifung vorn 5,00-16, hinten 9,00-24. Bis 1952 wurden von dem AF 20 immerhin noch 3499 Stück verkauft.

ie 1906 gegründete schwäbische Werkzeugma-
schinenfabrik Allgaier stieg nach dem Zweiten
Weltkrieg in die Traktorenproduktion ein. Zunächst
erschien ein 18 PS-Schlepper, der aber bereits 1949 von
dem R 22 mit 22 PS abgelöst wurde. 1950 gesellte sich der
A 22 hinzu. Dieser verfügte über einen Einzylinder Viertakt-Dieselmotor, vier Vorwärtsgänge und einen Rückwärtsgang. Im vierten Gang erreichte der A 22, der zu den
meistverkauften Schleppern seiner Zeit zählt, bis zu
20 km/h. Weitere Daten sind dem Prospektblatt auf der
rechten Seite zu entnehmen.

Allgaier Dieselschlepper A 22 von 1949 (oben) und Allgaiers
erster Schlepper, der R 18 (links)

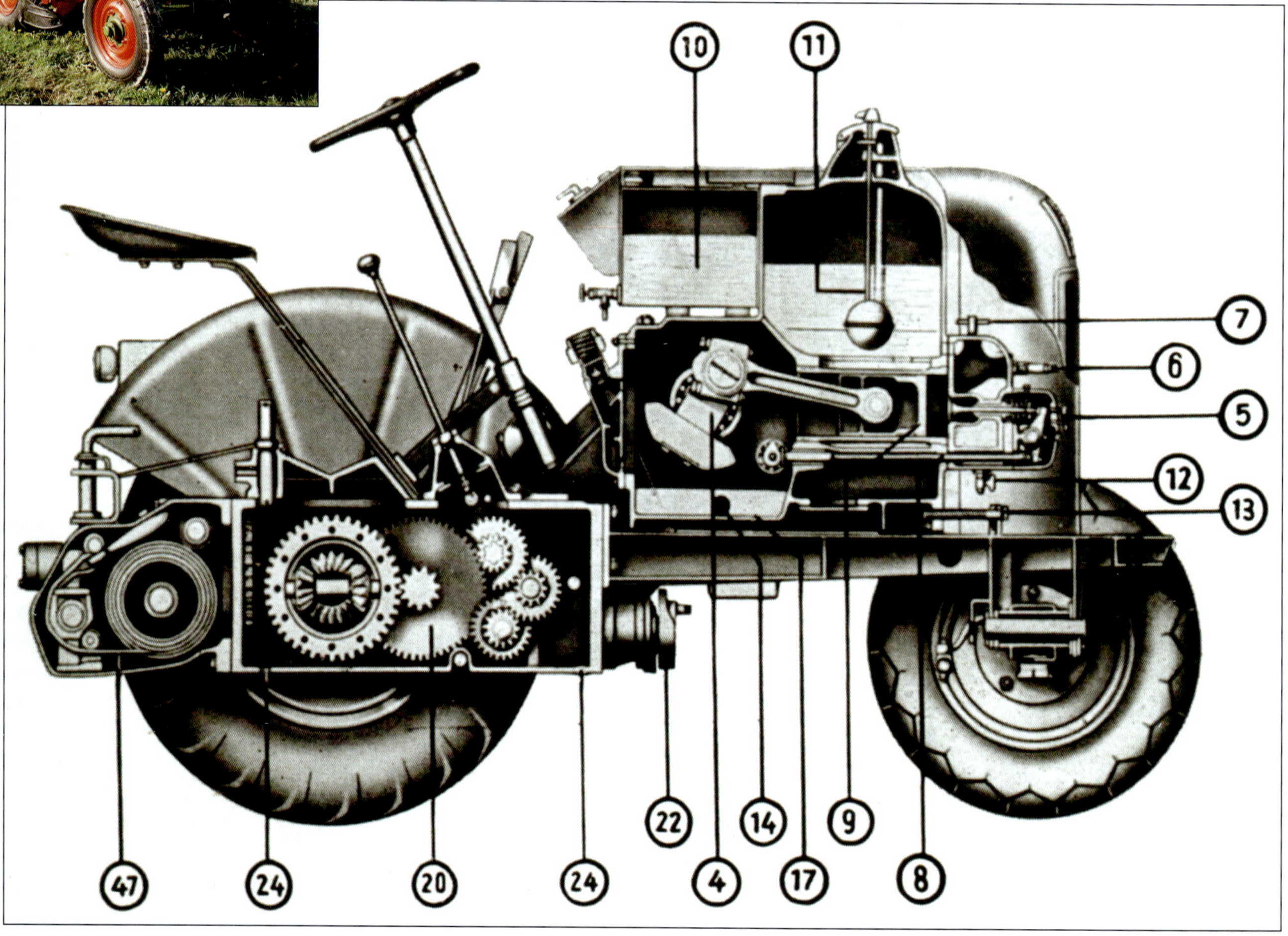

Allgaier Dieselschlepper A 22: 4 Kurbelwelle, 5 Zylinderkopf, 6 Einspritzdüse, 7 Zündpapierhalter, 8 Zylinderbüchse, 9 Kolben,
10 Brennstofftank, 11 Wasserstandsanzeiger, 12 Kühlwasserablasshahn, 13 Nachspannschraube für Keilriemen, 14 Ölpumpe,
17 Ölablassschraube, 20 Schalt- und Differentialgetriebe, 22 Mähantrieb, 24 Ablassschraube für Getriebeöl, 47 Seilwinde

Der hydraulische Kraftheber erleichtert die Arbeit wesentlich

Die Zapfwelle ist bequem ein- und ausschaltbar

Spezialseilwinde für Kabelzug

Der Reifendruck kann rasch jeder Arbeit angepaßt werden

Die Montagezeit für die Baumspritze ist sehr gering

Vorteilhaft verwendbar zur Bewässerung, Beregnung und zum Feuerlöschen

Weitere Anbaugeräte: Kehrmaschine und Schneepflug

Die Einsatzmöglichkeit eines ALLGAIER A 22 ist unerschöpflich

Selbst schwerste Pflugarbeiten meistert er mühelos

Maße und Gewichte:

	Mit Bereifung hinten	
	8,00—20 (8—24)	9,00—24 (8—32)
Länge	2580 mm	2580 mm
Breite	1480 mm	1520 mm
Höhe	1500 mm	1570 mm
Spurweite	1270 mm	1270 mm
Verstellbare Spurweite .	1400 mm	1400 mm
Radstand	1500 mm	1500 mm
Kleinster Wenderadius .	450 mm	750 mm
Bodenfreiheit	280 mm	350 mm
Eigengewicht	1475 kg	1525 kg

Leistungen:

Max. Fahrgeschwindigkeit
1. Gang	. . .	2,8 km/Std.	3,2 km/Std.
2. Gang	. . .	5,0 km/Std.	5,8 km/Std.
3. Gang	. . .	8,7 km/Std.	10,0 km/Std.
4. Gang	. . .	17,4 km/Std.	20,0 km/Std.
Rückwärtsgang	.	2,8 km/Std.	3,2 km/Std.

Zapfwellendrehzahl
(bei Motordrehzahl 1350 U/min) . 540 U/min.
Riemenscheibe Durchmesser . . 230 mm
Breite . . . . 140 mm
Umdreh./Min. . 1500 U/min.
Motorleist. u. Drehzahl 22 PS bei 1500 U/min.

Zughakenleistungen:

Bei einer Steigung	beträgt die Anhängelast
von 6,5 %	15 t
10 %	10 t
15 %	6,5 t
67 %	ohne Anhängelast

Angaben gewissenhaft; Änderungen vorbehalten

ALLGAIER-WERKE

(14a) Uhingen (Württ.)

Fernruf: Göppingen 34 54/55
Fernschreiber: 07 47/21

Das Nachkriegs-Dieselross F 15 war besonders auf kleineren Bauernhöfen beliebt und errang enorme Verkaufserfolge. Er war rahmenlos in Blockbauweise gefertigt und wurde von einem stehenden Einzylinder Viertakt-Dieselmotor mit 15 PS angetrieben, der eine Höchstgeschwindigkeit bis zu 19 km/h zuließ. Der Hubraum betrug 1153 ccm, die Länge 2435 mm, die Breite 1550 mm und das Leergewicht 1150 kg. In dieser Baureihe wurden bis 1959 Varianten bis zu 40 PS angeboten. Dieses Dieselross nannte sich F 40 Großschlepper und war mit einem Dreizylinder Viertakt-Dieselmotor ausgerüstet. Der Hubraum betrug 3534 ccm. Die Maße: 3440 mm Länge, 1850 mm Breite und das Leergewicht betrug 2170 kg. Der damals und auch heute noch sehr populäre Werbespruch „Wer Fendt fährt – führt!" war prinzipiell nicht verkehrt.

Fendt Dieselross F 15 H mit 15 PS

12 PS *wassergekühlt und luftgekühlt*

15 PS

20 PS

luftgekühlt

24 PS

28 PS

40 PS

Fendt Dieselrösser: F 12 GH, gebaut 1952 bis 1958 (oben und unten)

Restaurierter Fendt Dieselross F 28 P mit 28 PS von 1953

Der Fendt Dieselross
F 17 W (1956-1959)
war wahlweise in
wasser- oder luftge-
kühlter Ausführung
lieferbar

Der Fendt Dieselross
F 24 (1954-1958) war
nur in wassergekühlter
Ausführung lieferbar

Restaurierter Fendt Dieselross
F 24 P von 1954 (oben). Die Schaufel
des Frontladers F 17 fasste 0,2 cbm
und konnte 400 kg bewegen (rechts).

Die große Karriere des kleinen grünen Unimog begann 1945 mit der Idee, einen Schlepper zu bauen, der allen bisherigen Traktor-Konstruktionen überlegen sein sollte. Die Konstrukteure Albert Friedrich und Heinrich Rössler präsentieren 1948 den Unimog, der zunächst bei Boehringer in Göppingen und später bei Daimler Benz in Gaggenau gefertigt wird. Der Boehringer Unimog wird von einem Mercedes-Benz Vierzylinder-Dieselmotor mit 25 PS angetrieben. Sechs Vorwärts- und zwei Rückwärtsgänge stehen ihm zur Verfügung, im sechsten Gang erreicht er bis zu 50 km/h. Der Unimog hat natürlich Vierradantrieb und Differentialsperren vorn und hinten. Die Karosserie trägt Stahlblechverkleidung, zwei gepolsterte Sitze stehen zur Verfügung. Das Verdeck, dessen Rückwand abnehmbar ist, ist zusammenklappbar und die Windschutzscheibe kann nach vorn geklappt oder ohne Werkzeug entfernt werden. Der kleine Revoluzzer wiegt 1680 kg, ist 3570 mm lang und 1630 mm breit.

Der Boehringer Unimog von 1950 zieht mehrscharige Anbaupflüge durch den Ackerboden

Boehringer Unimog mit seitlich montiertem Mähbalken. Unten wird die Steigfähigkeit des Unimog demonstriert.

Der Boehringer Unimog ist mit vorderer und hinterer Zapfwelle und Riemenscheibenantrieb eine vielseitige Kraftquelle für Arbeitsmaschinen aller Art

... vom Heuen bis zur Ernte brauchte ich keinen Anhänger, weil ich alles mit der UNIMOG-Pritsche transportieren konnte ...

Zum Kirchgang oder zum Besuch von Ausstellungen, Märkten usw. leistet der UNIMOG gute Dienste.

Boehringer Unimog mit Sämaschine, die vom Fahrersitz aus durch Seilzug betätigt wird (oben), als gleichmäßiger Langsamfahrer – 15 m/Minute – und Träger des Pflanzguts und des Wassers zum Setzen (links), und bei der Arbeit mit Anbau- und Anhängegeräten (unten).

Grünfutterernte mit Speisehäcksler (oben), Klaus-Lader HK1
auf Unimog (links) und der Unimog beim Pflügen (unten)

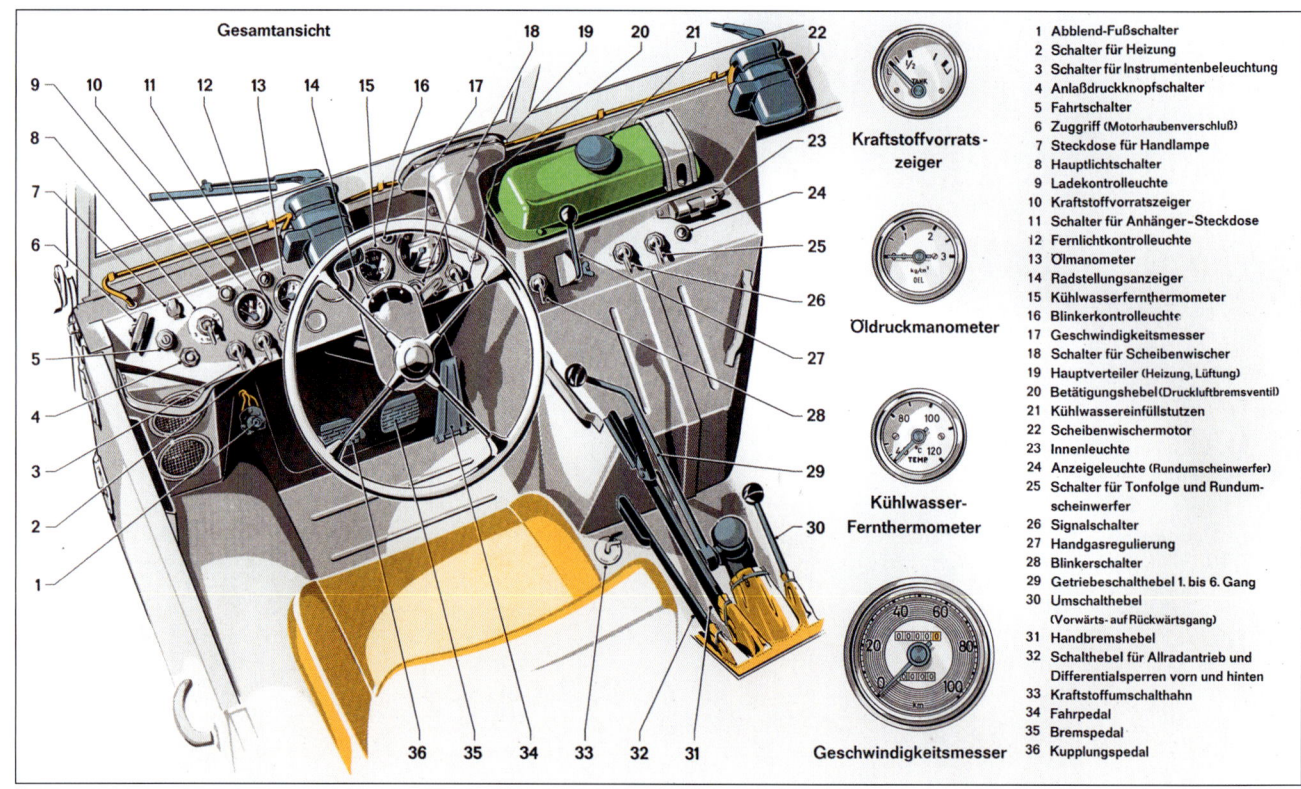

Gesamtansicht

Kraftstoffvorrats-zeiger

Öldruckmanometer

Kühlwasser-Fernthermometer

Geschwindigkeitsmesser

1 Abblend-Fußschalter
2 Schalter für Heizung
3 Schalter für Instrumentenbeleuchtung
4 Anlaßdruckknopfschalter
5 Fahrtschalter
6 Zuggriff (Motorhaubenverschluß)
7 Steckdose für Handlampe
8 Hauptlichtschalter
9 Ladekontrolleuchte
10 Kraftstoffvorratszeiger
11 Schalter für Anhänger-Steckdose
12 Fernlichtkontrolleuchte
13 Ölmanometer
14 Radstellungsanzeiger
15 Kühlwasserfernthermometer
16 Blinkerkontrolleuchte
17 Geschwindigkeitsmesser
18 Schalter für Scheibenwischer
19 Hauptverteiler (Heizung, Lüftung)
20 Betätigungshebel (Druckluftbremsventil)
21 Kühlwassereinfüllstutzen
22 Scheibenwischermotor
23 Innenleuchte
24 Anzeigeleuchte (Rundumscheinwerfer)
25 Schalter für Tonfolge und Rundum-scheinwerfer
26 Signalgasschalter
27 Handgasregulierung
28 Blinkerschalter
29 Getriebeschalthebel 1. bis 6. Gang
30 Umschalthebel (Vorwärts- auf Rückwärtsgang)
31 Handbremshebel
32 Schalthebel für Allradantrieb und Differentialsperren vorn und hinten
33 Kraftstoffumschalthahn
34 Fahrpedal
35 Bremspedal
36 Kupplungspedal

Anordnung der Instrumente und Bedienungshebel des Unimog-S, der ab 1955 gebaut wurde (oben). Unten ist ein U 30 mit Vorbaukompressor zu sehen. Das geschlossene Ganzstahlfahrerhaus erschloss dem Unimog den Straßenverkehr, er wurde vielfach bei der Bundeswehr und im Kommunalbereich eingesetzt.

Die Deutz Schlepper-Reihe FL 514 war die erste mit luftgekühltem Motor. Der Traktor Deutz F1L 514 ist mit einem Deutz Einzylinder Viertakt-Dieselmotor mit 15 PS und 1330 ccm Hubraum ausgestattet, erreicht bis zu 23 km/h und wird von 1950 bis 1957 angeboten. Er verfügt über eine gefederte Vorderachse, und auch Zapfwelle, Differentialsperre und Riemenscheibe gehören zur Serienausstattung. Der F2L 514 steigert sich während seiner Bauzeit von 1950 bis 1962 von 28 auf 30 und 34 PS, der F3L 514 startet 1951 mit 42 PS und endet 1964 mit 50 PS und der F4L 514 schließlich wird ab 1952 mit 60 PS und ab 1957 mit 65 PS auf den Markt gebracht.

1 Vorderachsfeder	5 Getriebe-Schalthebel	9 Steckachse	13 Schmierölpumpe
2 Kühlluftgebläse	6 Hebel zum Mähbalkenantrieb	10 Zapfwelle	14 Schwungrad
3 Kupplungspedal	7 Hydraulischer Stoßdämpfer	11 Differentialgehäuse	15 Kupplung
4 Fußbremse	8 Zapfwellenkupplung	12 Anhängeschiene	16 Mähbalkenantrieb
		17 Fünfgang-Getriebe	

Der luftgekühlte 15 PS Deutz Dieselschlepper F1L 514

Deutz Dieselschlepper F2L 514 mit 28 PS (oben), Deutz F2L 514 mit 30 PS (links), Deutz F3L 514 mit 45 PS (unten links) und Deutz F4L 514 mit 60 PS (unten rechts)

Zur Landwirtschaftsmesse Hannover 1951 präsentierte Hanomag das neue Traktorenbauprogramm: Die Radschlepper R 16 A und B mit Zweizylinder-Dieselmotor mit 16 PS, den R 22 mit Dreizylinder-Dieselmotor mit 22 PS, den R 28 mit Vierzylinder-Dieselmotor mit 28 PS, den R 45 mit Vierzylinder-Dieselmotor mit 45 PS und den Kettenschlepper K 55 mit Vierzylinder-Dieselmotor mit 55 PS. Interessant ist die Motorkonstruktion der ersten Reihe, die nach dem Baukastenprinzip entwickelt wurde und bei der die Einzelteile von drei verschiedenen Motortypen gleich sind. Der Leistungsunterschied von 16 über 22 bis 28 PS wird dadurch erreicht, dass der Motor zwei, drei oder vier Zylinder, die untereinander austauschbar sind, erhält. Die Vorteile, die sich dadurch für Fabrikation und Lagerhaltung ergeben, liegen auf der Hand. Mit diesem Programm setzte sich Hanomag an die Spitze der Schlepperfirmen.

Erfolgreicher Dieselschlepper Hanomag R 16

R 22

Bereifung: 8 - 36

22 PS Diesel-Allzweckschlepper

3-Zylinder-Dieselmotor, 5-Gang-Getriebe, Eigengewicht 1500 kg, Einzelradbremsung. Auf Wunsch: Hydraulischer Kraftheber, Frontlader, Mähbalken, Riemenscheibenantrieb, Zapfwelle, Allwetterdach, Kriechgang-Untersetzung, Seilwinde, Anbaugeräte aller Art.

Bereifung: 8 - 36

R 28

Bereifung: 9 - 42

28 PS Diesel-Allzweckschlepper

4-Zylinder-Dieselmotor, 5-Gang-Getriebe, Eigengewicht 1850 kg. Auf Wunsch: Hydraulischer Kraftheber, Frontlader, Mähbalken, Riemenscheibenantrieb, Allwetterdach, Kriechgang-Untersetzung, Seilwinde, Anbaugeräte aller Art.

R 45

Bereifung: 13 - 30

45 PS Diesel-Radschlepper

4-Zylinder-Dieselmotor, 5-Gang-Getriebe. Eigengewicht 3200 kg, Einzelradbremsung. Auf Wunsch: Frontlader, Riemenscheibenantrieb, Differentialsperre, Seilwinde, Allwetterdach, geschlossenes Fahrerhaus, Druckluft-Bremsanlage.

Bereifung: 13 - 30

K 55

55 PS Diesel-Kettenschlepper

4-Zylinder-Dieselmotor, Eigengewicht 4500 kg. Auf Wunsch: Allwetterdach, Seilwinde, hydraulische Pumpe für hydraulisch betätigte Anhängegeräte, hydraulisch und mechanisch betätigte Planiergeräte [zur Erhaltung der Bodenfruchtbarkeit (soil conservation)], Frontlader.

Änderungen vorbehalten   Fordern Sie ausführliche Prospekte an.

HANOMAG-Allzweckschlepper R 28 im Längsschnitt

1. Kühlwasser-Einfüllstutzen	16. Getriebeschaltung	31. Schwungscheibe
2. Kraftstoff-Filter	17. Getriebegehäusedeckel	32. Kupplung
3. Thermostat	18. Handbremse	33. Ölpumpe
4. Auslaßventil	19. Ausgleichgetriebe	34. Nockenwelle
5. Einlaßventil	20. Werkzeugkasten	35. Kurbelwelle
6. Öl-Einfüll- u. Entlüfterstutzen	21. Steckdose	36. Ölwanne
7. Kraftstoffrücklaufleitung	22. Schlußlampe	37. Zylinderbüchse
8. Zylinderkopf	23. obere Zugvorrichtung	38. Hauptlager
9. Auspuffrohr	24. Zapfwelle	39. Kolben
10. Stößelstange	25. untere Zugvorrichtung	40. Vorderachsverstrebung
11. Kraftstoffbehälter	26. Getriebegehäuse	41. Vorderfeder
12. Luftansaugrohr mit Filter	27. Schaltgetriebe	42. vordere Zugvorrichtung
13. Batterie (Sammler)	28. Zapfwellenschaltrad	43. Lüfter
14. Armaturenkasten	29. Riemenscheibenantriebsrad	44. Kühler
15. Lenkung	30. Antriebswelle	45. Scheinwerfer

Hanomag 55 PS Kettenschlepper K 55

Zum Astner-Bauern, der über dem Inntal bei Fischbach auf dem 1106 m hohen Asten den höchstgelegenen Bauernhof Bayerns bewirtschaftet, ist erstmals ein Motorfahrzeug vorgedrungen. Der Bauer hatte auf einer Industriemesse geäußert, er werde den Traktor kaufen, der als erster seinen Hof erreicht. Der Nordtrak Stier überwand in fast dreistündiger Fahrt die teilweise 45 Prozent betragende Steigung und wurde vom Astner-Bauern sofort gekauft." So lautete eine Meldung der DPA im Juni 1952. Der Nordtrak des Herstellers Wille aus Hamburg-Bergedorf war als Stier 20 mit dem 20 PS Deutz F1M 414-Motor lieferbar, als Stier 21 mit dem 22 PS Zweizylinder-Dieselmotor von Hatz und als Stier 30 mit dem 28 PS Zweizylinder-Dieselmotor KDW 415 Z. Später wurde noch eine 45 PS Version angeboten.

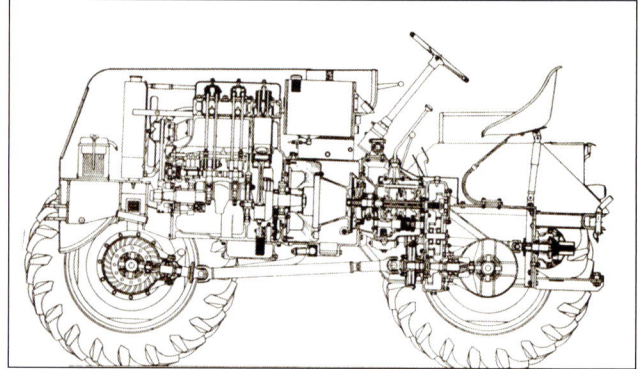

Alle Stier-Versionen wurden mit Allradantrieb angeboten, hier der Stier 30, der 1952 den höchstgelegenen Hof Bayerns ansteuerte

Ritscher 525 mit 28 PS (oben und links), unten ein Verkaufsprospekt des Ritscher 517 mit 17 PS

D ie traditionsreiche, 1872 gegründete, Maschinenfabrik Ritscher in Hamburg baute bereits 1924
ihren ersten Raupenschlepper. Der bei Ritscher
erfolgreichste Schlepper wurde der 528 von 1951. Er verfügte über ein ölhydraulisches Hebegetriebe und war
damit sehr vielfältig verwendbar. Eingebaut war der 28 PS
MWM-Motor KDW 415 Z, der im fünften Gang bis zu 20
km/h erreichte. Der 528 war nur 2650 mm lang, 1700 mm
breit und wog 1550 kg. In einem Verkaufsprospekt heißt
es: „Vergessen Sie bitte nicht, dass Ritscher eines der
wenigen Werke in Deutschland ist, das – ausgenommen
vom Motor – alle wesentlichen Teile des Schleppers selbst
herstellt. Im Gegensatz zu Montageerzeugnissen wird
Ihnen die Gewähr eines organisch richtig aufgebauten
Schleppers geboten, der hinsichtlich seiner qualitativen
Eigenschaften kaum zu übertreffen ist."

Auf der DLG-Schau 1951 präsentierte Lanz erstmals den Geräteträger Alldog, der laut Pressemitteilung auch kleineren Betrieben die Vollmotorisierung erlaubten und „durch Ablösung der Gespanne durch den Motor" die Arbeitszeiten verkürzen sollte. Mehr als 80 Geräte standen für den Alldog zur Verfügung, die Lanz gemeinsam mit Spezialgerätefirmen entwickelt hatte. Der Alldog wurde angetrieben von dem Einzylinder Zweitakt Lanz-Dieselmotor mit zunächst 12, später 13 PS und 1956 folgte der MWM KD 211 Z mit 20 PS.

Der 1951 erschienene Lanz Geräteträger Alldog

Geräteträger Lanz Alldog beim Rübenroden mit einem Sammelbehälter, der die Ablage in Querschwaden erlaubt (oben), mit Cambridge-Walze (Mitte links), mit Drillmaschine, Spurreißer und Egge (Mitte rechts), mit Kartoffelpflanzgerät (unten links) und mit einem Rüben-Hackgerät (unten rechts)

Die neue Baureihe, die Lanz 1952 vorstellte, wurde mit dem Hinweis beworben, dass sie besonders sparsam sei: „Hier liegt der Erfolg, äußerst sparsam im Kraftstoffverbrauch!" Weiter heisst es: „Mit den 17 PS, 22 PS und 28 PS Bulldog-Typen, die in langen Reihen Tag für Tag das Werk verlassen, gibt Lanz der Landwirtschaft eine Schlepper-Reihe in die Hand, die mit ihrem geringen Kraftstoffverbrauch, ihrem leisen Lauf, ihrem ruhigen Stand und ihren vielen anderen Vorteilen Aufsehen erregt." Alle drei Typen wurden von liegenden Einzylinder Zweitakt-Mitteldruckmotoren angetrieben und waren mit sechs Vorwärts- und zwei Rückwärtsgängen ausgerüstet. Im sechsten Gang erreichte der D 1706 18,8 km/h, der D 2206 20 km/h und der D 2806 18,5 km/h.

Längsschnitt des Lanz Bulldog D 1706/D 2206

Der *Sparsame*

LANZ *Bulldog*

Lanz Bulldog D 1706 mit 17 PS, D 2206 mit 22 PS und D 2806 mit 28 PS

unächst war die Normag (Nordhäuser Maschinenbau AG) in Nordhausen am Harz beheimatet und hatte dort bereits respektable Traktoren gebaut, bevor sie ihren Standort nach dem Zweiten Weltkrieg in den Westen verlegte; nach Zorge (Südharz) und Hattingen (Ruhr). Dort entstanden 1952 die Faktor-Typen mit 15, 20 und 28 PS und die schwereren NG 35 mit 33 PS und NG 45 mit 45 PS. Der Faktor I mit 15 PS war der erfolgreichste Normag und entwickelte sich zu einem beliebten und bewährten Diesel-Schlepper für kleinere Betriebe. Der Einzylinder Viertaktmotor mit 1280 ccm Hubraum erreichte im fünften Gang 18,6 km/h. Er brachte 1235 kg auf die Waage, war 2450 mm lang und 1550 mm breit.

Hier werden die Leistungen des Normag Faktor demonstriert

Normag beim Säubern der Anhängeackeregge

Normag Dieselschlepper mit 33 PS

Mit dem F1L 612 brachte Deutz 1952 wieder einen sehr erfolgreichen kleinen Schlepper auf den Markt, von dem hohe Stückzahlen verkauft wurden. Bei dem Tragschlepper war das Getriebe hinter der Hinterachse positioniert und nach Umstecken des Fahrersitzes war es möglich, den Taktor auch in Rückwärtsfahrt zu benutzen. Der luftgekühlte Deutz Einzylinder Viertakt-Dieselmotor leistete 11 PS. Sechs Vorwärts- und drei Rückwärtsgänge standen zur Verfügung. Im sechsten Gang konnten bis zu 18,8 km/h erzielt werden. Das Gewicht lag bei nur 820 kg, die Länge betrug 2520 mm und die Breite 1440 mm.

Der Deutz F1L 612 in Rückwärtsfahrt bei der Rübenernte

Deutz F1L 612 mit 11 PS und der größere Bruder F2L 612 mit 18 PS (rechts). Unten der F1L 612 bei der Hackfruchtbestellung.

Titel eines F1L 612-Verkaufsprospektes (oben), F2L 612 mit gefedertem Wetterdach und Panorama-Windschutzscheibe (unten)

D er im württembergischen Metzingen ansässigen Maschinenfabrik Gebr. Holder GmbH gelang 1953 ein „großer Wurf": Der kleine Dieselschlepper B10, der im Zweigwerk Grunbach bei Stuttgart entstand, entwickelte sich zu einem Verkaufsschlager bei kleineren Wein- und Obstbauhöfen. Bei dem rahmenlosen Schlepper war der 9,5 PS Zweitakt Dieselmotor mit 502 ccm Hubraum mit dem Getriebe verblockt. Mit seinen gerade mal 610 kg erzeugte er nur einen geringen Bodendruck. Der B10 war mit einer Vierradbremse und mit zwei Zapfwellen bestens für den Anbau von Geräten aller Art ausgerüstet.

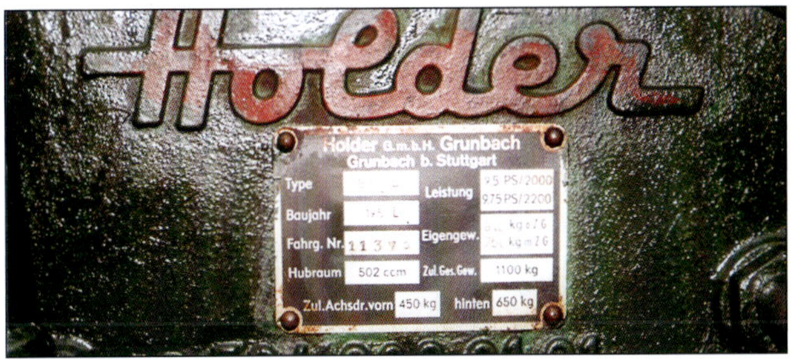

Holder Dieselschlepper B 10 mit Triebachs-Anhängewagen, oben rechts ein restaurierter B 10

Zwar stellte Fendt seinen Geräteträger 1953 vor, doch die Serienherstellung begann erst 1957. Der F 12 GT, wie sich der 1953er nannte, war konstruiert als selbstfahrendes Arbeitsgerät mit Anbauräumen, die vor, auf, unter und hinter dem GT positioniert waren. Motor und Getriebe waren identisch mit dem des Schleppers F 12. Es handelte sich um einen luftgekühlten Einzylinder Viertakt-Dieselmotor AKD 112 mit 12 PS und 905 ccm Hubraum. Sechs Vorwärts- und zwei Rückwärtsgänge standen zur Verfügung, im sechsten Gang erreichte dieser GT 20 km/h. Besonders erfolgreich war sein Nachfolger, der F 220 GT, der ab 1958 gebaut wurde. Dieser wurde von dem Zweizylinder-Dieselmotor AKD 311 Z mit 19 PS und 1399 ccm Hubraum angetrieben. Er hatte sechs Vorwärts-, drei Kriech- und zwei Rückwärtsgänge und erreichte im sechsten Gang ebenfalls 20 km/h. Ab 1961 war der GT auch mit einem 25 PS Motor zu haben und war zusätzlich mit Motorzapfwelle und größerer Bereifung ausgestattet. Es folgten Typen mit 30, 32 und 45 PS und ab Mitte der 1970er Jahre kam eine noch stärkere Generation auf den Markt.

Fendt Geräteträger F 12 GT von 1953 (ganz oben) und die Version von 1958, der F 220 GT, das sogenannte Einmannsystem

FENDT-EINMANNSYSTEM

1 Werkzeugkasten	9 Kühlluftgebläse	17 Armaturenbrett	25 Zapfwelle	33 Kriechgang-Getriebe
2 Anhängevorrichtung vorn	10 Ventilstößel	18 Gangschaltung	26 Anhängekupplung	34 Weg der Kupplungs-Kühlluft
3 Ladepritsche	11 Kolben	19 Kriechgangschaltung	27 Unterer Lenker	35 Schwungmasse
4 Hubzylinder	12 Ein- und Auslaßventil	20 Zapfwellenschaltung	28 Antrieb für Wegzapfwelle	36 Tornado-Kupplung
5 Zwischenachsgeräterahmen	13 Kraftstoffbehälter	21 Hubarme	29 Riementrieb-Kegelrad	37 Pumpe für Druckumlaufschmierung
6 Zentralholm	14 Batterie	22 Zapfwellenantrieb nach vorn	30 Antrieb für Getriebezapfwelle	38 Kurbelwelle
7 Lichtmaschine	15 Ölbad-Luftfilter	23 Oberer Lenker	31 Differentialwelle	39 Mähantrieb
8 Nockenwelle	16 Hydraulik-Schalthebel	24 Hubstreben	32 Wechselgetriebe	40 Ölbehälter für Hydraulik

Fendt 220 GT mit Zwischenachsrübenhacke und Spurlockereinrichtung beim Einsatz im Hopfenanbau

Sitzeinrichtung am Fendt 220 GT zum Rübenvereinzeln: Superkriechgang mit einer Geschwindigkeit von etwa 300 m pro Stunde

Der Fendt 231 GT war mit dem luftgekühlten 32 PS Dreizylinder Deutz-Dieselmotor mit Direkteinspritzung und einem Hubraum von 2230 ccm ausgestattet. Serienmäßig war ein 12-Ganggetriebe eingebaut, auf Wunsch wurde ein 24-Ganggetriebe geliefert. Der hier abgebildete 231 GT ist die Ausführung von 1969. Unten: Der Fendt Geräteträger verfügt über eine Vollhydraulik, die aus der hinteren Dreipunkthydraulik (lila), der Hydraulik für den Mähaufzug (grün), der Zwischenachshydraulik (blau) und aus der Hydraulik für Frontgeräte und Ladepritsche (gelb) besteht.

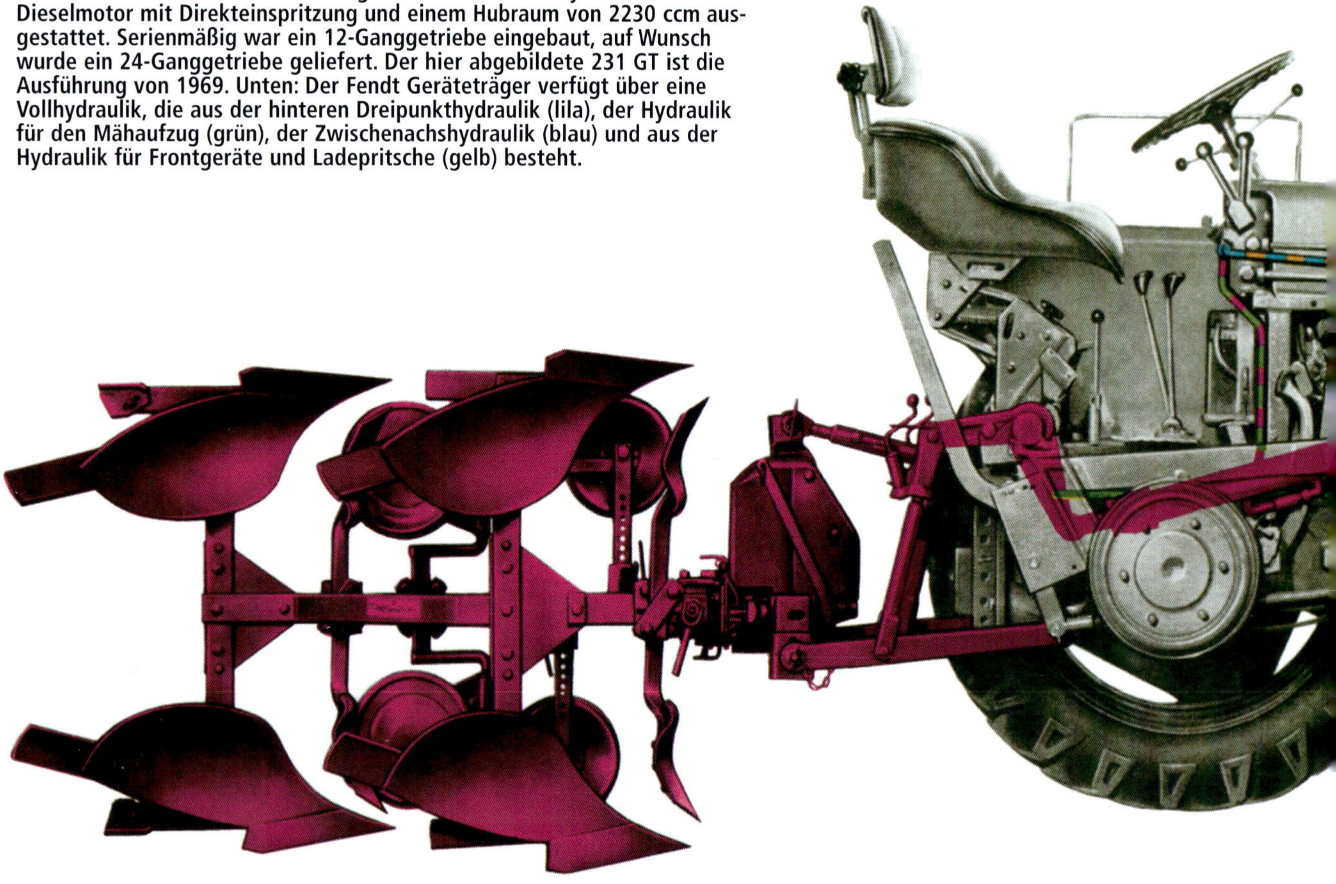

Der Fendt 250 GT wurde von 1970-1977 gebaut und war mit einem luftgekühlten 45 PS Dreizylinder-Dieselmotor ausgerüstet, der bis zu 30 km/h erreichen konnte

Der Hanomag R 12, der 1953 erschien, war bereits 1954 der meistgekaufte Schlepper seiner Klasse in der Bundesrepublik. Der Tragschlepper mit der „Wespentaille" bestach durch seine hohe Bodenfreiheit, das geringe Gewicht von 820 kg und durch den niedrigen Schwerpunkt. Er war mit einem 12 PS Einzylinder-Dieselmotor mit 510 ccm ausgerüstet, der im sechsten Gang bis zu 19 km/h erreichte. Die Länge betrug 2730 mm, die Breite 1480 mm. Der R 18 folgte 1956 mit einem 18 PS Zweizylinder-Dieselmotor mit 1021 ccm Hubraum, nachdem bereits 1955 der R 24 mit einem 24 PS Zweizylinder-Dieselmotor und 1021 ccm Hubraum von sich reden machte. Dieser wog 1360 kg und hatte eine Länge von 3100 mm und war 1600 mm breit.

Hanomag R 12 KB (kurze Bauart), unten der R 12 von 1954

1 Batterie, 2 Kühlwasser-Einfüllstutzen, 3 Thermostat, 4 Einspritzdüse, 5 Kraftstoff-Einfüllstutzen, 6 Kraftstoffbehälter, 7 Schalthebel für Differentialsperre, 8 Lenkung, 9 Schalthebel für Hydraulik, 10 Schalthebel für Zapfwelle, 11 Tellerrand, 12 Antriebsritzel, 13 Zapfwelle, 14 untere Zugvorrichtung, 15 Bremsbeläge, 16 Antriebswelle, 17 Ausgleichsgetriebe (Differential), 18 Vorgelegewelle, 19 Getriebe-Schaltwelle, 20 Schalthebel für Getriebe, 21 Getriebegehäuse, 22 Arbeitszylinder für Hydraulik, 23 Kurbelwelle, 24 Ölwanne mit Ölablassschraube, 25 Achsschenkel, 26 Spurstange, 27 Vorderachse, 28 Hydraulikpumpe, 29 vordere Zug- und Drückvorrichtung, 30 Scheinwerfer, 31 Ventilator, 32 Luftaufnehmer, 33 Kolben, 34 Kühler, 35 Einspritzpumpe, 36 Kraftstoffhahn

HANOMAG

Combitrac

1953 HANOMAG *R 12, R 18, R 24*

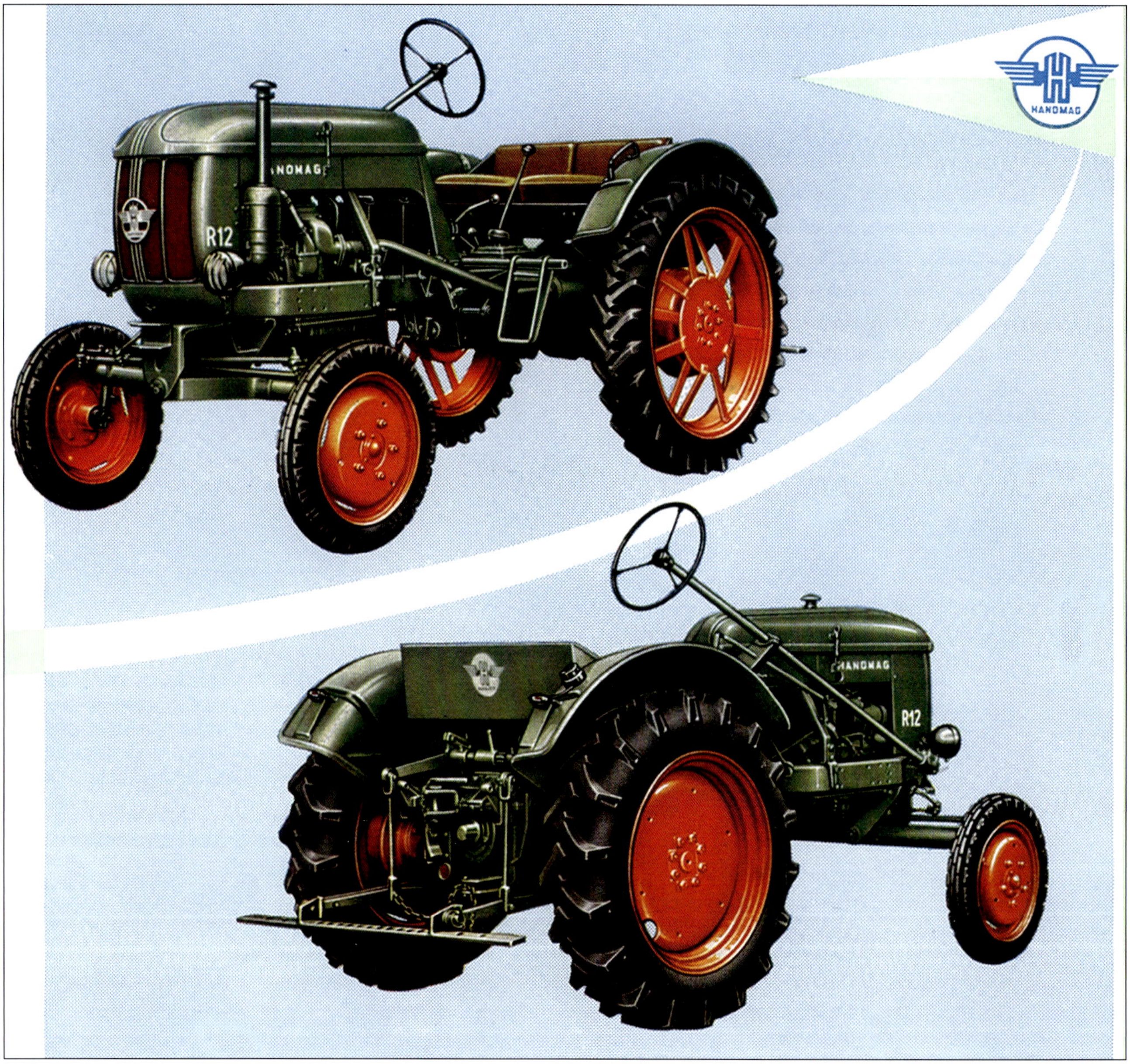

Hanomag R 12 (oben), Hanomag R 12 KB mit einem Mähwerk, das direkt vom Getriebe aus durch Keilriemen angetrieben wird (unten links) und R 12 mit einem einreihigen Rübenrodegerät (unten rechts)

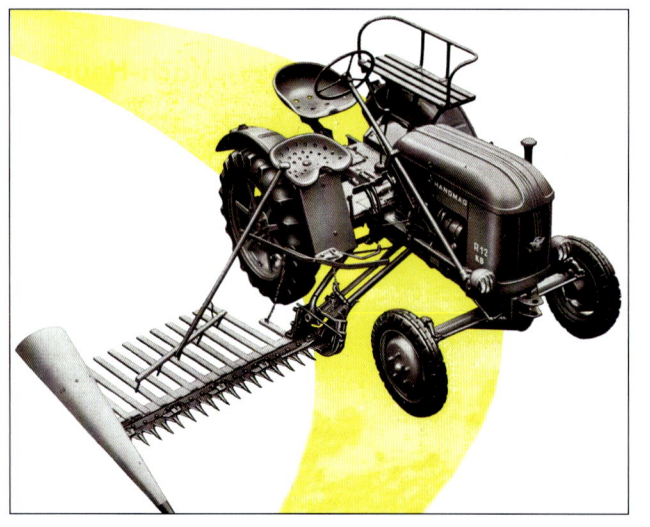

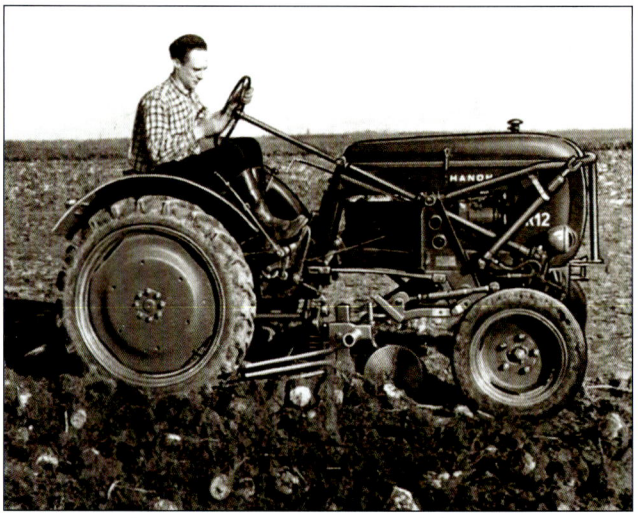

Hanomag R 12 mit Anbaudrillmaschine (oben), Hanomag R 18: Aus der Vogelperspektive ist die „Wespentaille" gut zu erkennen (unten links) und eine Seite aus einem Verkaufsprospekt des Hanomag R 18

HANOMAG R18

Schlepper und Geräteträger zugleich, das ist der HANOMAG R 18. Nicht nur hinten an der Hydraulik lassen sich Geräte anbringen, sondern auch vorn und zwischen den Achsen im Blickfeld des Fahrers. Darum können neben den normalen Arbeiten wie Pflügen, Eggen und Transportieren alle Bestell- und Pflegearbeiten vom Schlepperfahrer allein ausgeführt werden. Der R 18 übernimmt jedoch nicht nur die Arbeiten, die bisher von tierischen Zugkräften ausgeführt wurden, sondern bewältigt mit seinem Frontlader alle Ladearbeiten Ihres Betriebes und ersetzt menschliche Arbeitskraft. Der R 18 ermöglicht die Vollmotorisierung des bäuerlichen Betriebes und ist auch für den Großbetrieb der wirtschaftliche, vielseitig verwendbare Zweit- und Drittschlepper. Mit dem HANOMAG R 18 erwerben Sie einen Geräteträger, der nicht nur heute, sondern auch noch nach vielen Jahren modern ist.

Hanomag R 24 mit zweifurchigen Beetpflügen (oben links), Hanomag R 24 mit Kartoffelkulturgerät (oben rechts), Hanomag R 24 mit Zapfwellen-Krautschläger (Mitte rechts) und dessen Bruder, der Hanomag C 224 bei einer Vorführung 1959

Auf der DLG-Ausstellung 1955 in München präsentierte Lanz seine neue Mittelklasse: Schlepper mit 16, 20, 24 und 28 PS. Alle waren mit dem bekannten Lanz Mitteldruck-Zweitakt-Dieselmotor ausgerüstet und verfügten über sechs Vorwärts- und zwei Rückwärtsgänge. Eine Einscheibenkupplung sorgte für leichtes und relativ geräuschloses Schalten. Der 16 PS Schlepper erreichte im sechsten Gang 18,6 km/h und war damit noch 0,4 km/h schneller als sein längerer und schwererer 20 PS-Kollege. Der 24 PS Schlepper schaffte bis zu 20 km/h, der mit 28 PS kam auf 20,8 km/h. Das Mähwerk, die Riemenscheibe, Kotflügel, Gitterräder und eine Windschutzscheibe mit Dach gehörten nicht zur Serienausstattung. Diese recht erfolgreiche Reihe wurde bis 1960 gebaut.

Lanz Bulldog Diesel D 1616 mit 16 PS

Lanz Bulldog Diesel D 2016 mit 20 PS

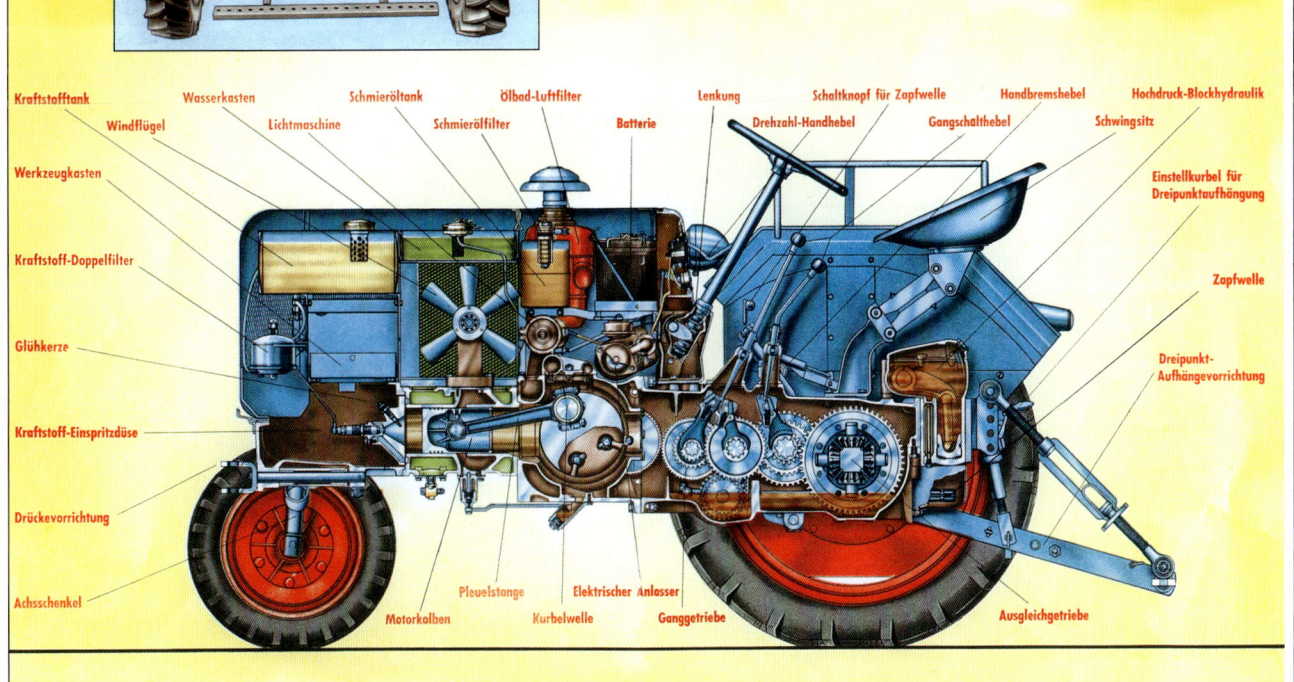

Schnittbild des Lanz Bulldog Diesel von 1955

Lanz Bulldog Diesel D 2416 mit 24 PS

Lanz Bulldog Diesel D 2416 mit 28 PS

Eines der Lanz Fließbänder, auf dem 1955 Bulldog Diesel montiert wurden

Lanz Bulldog Diesel D 1616 (16 PS) mit dem Kombi-Binder LKB im Schlepp auf einem Verkaufsprospekt von 1955 (oben) und der Lanz Bulldog Diesel D 2416 (24 PS) mit dem Mähdrescher MD 120, der für Klein- und Mittelbetriebe konzipiert war

Die Schlüterwerke in Freising bauten ab 1937 Traktoren und wurden unter anderem deshalb bekannt, weil sie als erste in Europa Schlepper von 100 bis 500 PS bauten. Aber zunächst sind wir im Jahr 1955, jenem Jahr, in dem der hier abgebildete AS 22 (22 PS) gebaut wurde. Er war der erfolgreichste einer Reihe, die Traktoren von 15 bis 45 PS anbot. Der AS 22 wurde von einem Schlüter Zweizylinder Viertakt Dieselmotor angetrieben und verfügte über das Hurth-Fünfganggetriebe (fünf Vorwärtsgänge, ein Rückwärtsgang), ein Kriech- und ein Schnellgang wurden auf Wunsch eingebaut, wobei der Schnellgang bis zu 30 km/h erreichte.

Der Schlüter AS 22, ab 1953 gebaut, war ein erfolgreicher Kleinschlepper. Der hier abgebildete stammt von 1955

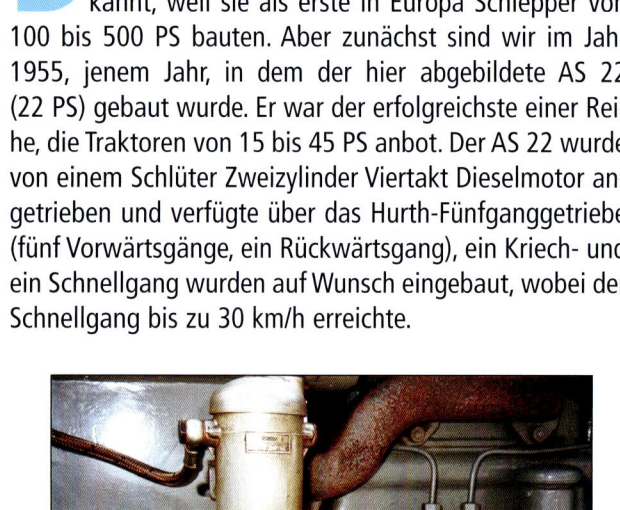

Das Schlüter Dieselschlepper Bauprogramm von 1955 (von oben nach unten):

AS 15 mit Schlüter Einzylinder Viertakt Dieselmotor mit 15 PS und fünf Vorwärtsgängen, einem Rückwärtsgang und auf Wunsch mit Kriechgang und Wendegetriebe: „Die preisgünstige Zugmaschine für den Kleinbetrieb", wie es in einem Verkaufsprospekt heißt.

AS 18 mit Schlüter Einzylinder Viertakt Dieselmotor mit 18 PS und fünf Vorwärtsgängen, einem Rückwärtsgang und auf Wunsch mit Kriechgang und Schnellgangübersetzung: „Der leistungsstarke Traktor für den bäuerlichen Klein- und Mittelbetrieb".

AS 22 mit Schlüter Zweizylinder Viertakt Dieselmotor mit 22 PS und fünf Vorwärtsgängen und einem Rückwärtsgang und auf Wunsch mit Kriechgang und Schnellgangübersetzung: „Der moderne Universal-Schlepper für den landwirtschaftlichen Mittelbetrieb bei schwerer Beanspruchung."

AS 30 mit Schlüter Zweizylinder Viertakt Dieselmotor mit 30 PS und sieben Vorwärtsgängen und einem Rückwärtsgang und Schnellgangübersetzung: „Der Dieselschlepper für große bäuerliche Betriebe. Die ideale Zugmaschine für Brauereien, Speditionen, Kohlehandlungen usw."

AS 45 mit Schlüter Dreizylinder Viertakt Dieselmotor mit 45 PS und fünf Vorwärtsgängen und einem Rückwärtsgang und auf Wunsch mit zwei Kriechgängen und Schnellgangübersetzung: „Der leistungsstarke Ackerschlepper für große Flächenleistung und für den Einsatz von Mähdreschern, die überstarke Zugmaschine für den gewerblichen Betrieb."

Schlüter Diesel-Kleinschlepper AS 15 mit 15 PS

Mit dem Hanomag R 55 wurde 1955 ein Radschlepper für schwerste Arbeit geschaffen, der stärkste Serientraktor, den Hanomag bis dahin gebaut hatte. Der Vierzylinder Viertakt Dieselmotor mit einem Hubraum von 5702 ccm brachte 55 PS. Der R 55 war 3620 mm lang, 1960 mm breit und wog 3500 kg. Fünf Vorwärtsgänge und ein Rückwärtsgang standen zur Verfügung, im fünften Gang wurden bis zu 22,5 km/h erreicht. Die maximale Zugkraft mit Vorderachsbelastung lag bei 3500 kg. Ein Polstersitz, Rückscheinwerfer, Dach, Windschutzscheibe und elektrische Scheibenwischer gehörten damals noch zur Sonderausstattung.

Rechts: Der Hanomag R 55 in der Montagehalle

Unten: Erklärungen zu dem Schnittbild: 1 Kühler, 2 Ventilator, 3 Auslassventil, 4 Einlassventil, 5 Zylinderlaufbuchse, 6 Zyklon-Vorabschneider, 7 Ölbadfilter, 8 Handbremsseil, 9 Getriebeschalthebel, 10 Lenkung, 11 Schaltung für Riemen- und Zapfwellenantrieb, 12 Riemenscheibe, 13 Zapfwelle, 14 Differential, 15 Kupplung, 16 Einspritzpumpe, 17 Kurbelwelle, 18 Kolben, 19 Nockenwelle, 20 Vorderfeder, 21 Vordere Drückvorrichtung, 22 Kühlervorhang

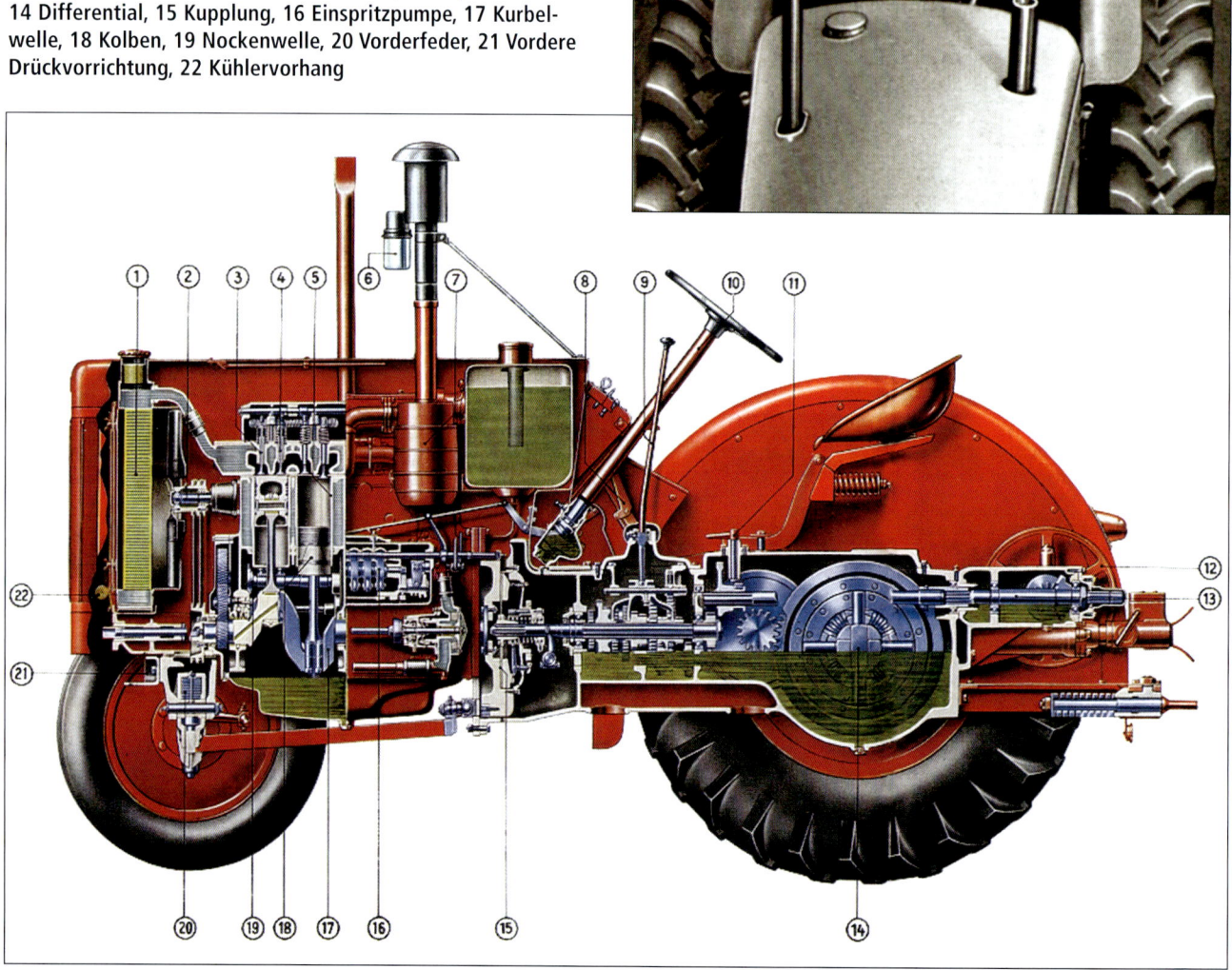

Hanomag R 55, unten im Einsatz mit der Seilwinde. Das Seil ist 50 m lang, hat einen Durchmesser von 12 mm und zieht 3500 kg

Der schwere Hanomag R 55 arbeitet mit einer 310 cm breiten Doppel-scheibenegge, die mit ihren 38 Scheiben 15 cm Tiefe erreicht (oben). Der R 55 unten zieht einen Scheibenbeetpflug mit 4 Rädern, der sich besonders gut für die Bearbeitung von hartgebranntem oder verwachsenem Boden eignet.

Der legendäre Bruder des R 55, der Hanomag R 55/ATK, war ein Spezialschlepper, der
zu militärischen Zwecken und von Flughä-
fen angeschafft wurde. Aber auch bei der
Industrie und bei Schaustellern war der ATK
als leistungsstarker Schlepper sehr beliebt.
Der abgebildete ATK, Baujahr 1960, wurde
von Johannes Lütteke aus dem westfäli-
schen Attendorn restauriert. Er ist mit dem
verglasten Fahrerhaus mit Heizung ausgestattet und verfügt über eine Bergstütze
und eine 6 t Seilwinde.

Um nicht immer mit der bekannteren Marke Heinrich Lanz in Mannheim verwechselt zur werden, nannte sich die Firma Hermann Lanz in Aulendorf nun kurz und bündig „HELA". Der Dieselschlepper mit 28 PS erwies sich als sehr zuverlässig und wurde – zumindest in der Region – überaus erfolgreich. Ausgestattet war er mit dem eigenen Zweizylinder-Viertaktmotor AZ 1 mit 2164 ccm Hubraum. HELA baute auf Wunsch aber auch andere Motoren ein. Der Schlepper wurde mit sechs Vorwärtsgängen, darunter ein Kriechgang, und einem Rückwärtsgang geliefert. Im sechsten Gang erreichte er 19,8 km/h.

Das „Cockpit" des 28 PS Dieselschleppers von HELA

Der Kettentraktor KS 30 „Urtrak" auf der Schwellenprüf-
bahn des Instituts für Landtechnik in Potsdam-Bornim (oben)
Foto: Achim Bischof, **der Urtrak KS 30 des Baujahrs 1956 mit 63 PS
(rechts)** Foto: Wolfgang Wagner **und der Vorgänger des KS 30, der
KS 07, mit moderner Haube aber noch starrem Kastenlaufwerk
(unten)** Foto: Wolfgang Wagner**.**

Auch in der früheren DDR wurden leistungsstarke
Schlepper gebaut, die zum Teil noch heute einen
legendären Ruf besitzen. Dazu gehört ganz sicher
der Urtrak, der Kettenschlepper KS 30 des VEB Branden-
burger Traktorenwerke. Der KS 30 von 1956 war eine Wei-
terentwicklung des 1952 vorgestellten KS 07, bei dem das
Kastenlaufwerk durch ein modernes Pendelrollenlaufwerk
ersetzt wurde. Der KS 30 besaß einen Vierzylinder Viertakt
Dieselmotor mit 63 PS und einen Hubraum von 8590 ccm.
Vier Vorwärtsgänge und ein Rückwärtsgang standen zur
Verfügung, im vierten Gang konnte eine Geschwindigkeit
bis zu 8,1 km/h erreicht werden. Der 5200 kg wiegende
Schlepper war 3470 mm lang, 1610 mm breit und hatte im
ersten Gang eine Zugkraft von 4730 kg. Der KS 30 wurde
von 1956 bis 1964 gebaut und war mit 4486 Exemplaren
ein recht erfolgreicher Schlepper.

Mit dem Hanomag-Schlepper R 217 wird Ihnen eine robuste, bewegliche, schnelle und starke Vielzweckmaschine mit 17 PS angeboten, die vor allem in bäuerlichen Kleinbetrieben unentbehrlich ist" heißt es in dem Verkaufsprospekt, in dem der R 217 im Jahr 1957 vorgestellt wurde. Der 17 PS Zweizylindermotor mit 1400 ccm Hubraum brachte eine Höchstgeschwindigkeit von 19,4 km/h. Acht Vorwärts- und zwei Rückwärtsgänge standen zur Verfügung. Der R 324 kam ebenfalls 1957 auf den Markt, er war mit einem 24 PS Dreizylindermotor mit 2099 ccm Hubraum, zehn Vorwärts- und zwei Rückwärtsgängen ausgerüstet und kam auf 19,5 km/h. Beide Typen waren mit auf 19 PS bzw. 27 PS verstärkten Motoren als 217 E und 324 E für den Export lieferbar.

Der Hanomag R 217 mit Frontladerschwinge

Hanomag R 217 (oben), Hanomag R 324 als Frontlader mit
600 kg Nutzlast und 280 mm Ladehöhe (rechts) und Hanomag
R 324 (unten)

Eigentlich begann die Geschichte des Porsche-Schleppers bereits 1950, als der württembergische Traktorenhersteller Allgaier den von Ferdinand Porsche entwickelten luftgekühlten „Volksschlepper" AP 17 auf den Markt brachte. Der damals wegen der Erfindung des Volkswagens bereits sehr populäre Name Porsche und der günstige Preis des AP (Allgaier/Porsche) 17 sorgten für enormen Absatz. 1956 übernahm die neugegründete Porsche Motorenbau GmbH in Friedrichshafen selbst die Produktion des Porsche-Schleppers und präsentierte 1957 eine Reihe von Dieselschleppern, die mit dem luftgekühlten 18 PS Zweizylinder AP 18 begann und bis zu dem P 144 mit 44 PS reichte. 1963 stellte Porsche bereits die Traktorenproduktion wieder ein.

Der „Volksschlepper" von Ferdinand Porsche, der ab 1950 bei Allgaier produziert wurde. Auf dem Foto links sind Erwin Allgaier, Ferry Porsche, Ferdinand Porsche und Oskar Allgaier bei der Vorstellung des AP 17 auf der IAA 1950 in Frankfurt (von links nach rechts) zu sehen.

Allgaier Porsche AP 22 mit 22 PS (oben), Porsche AP 18 mit 18 PS demonstriert
seine einzeln gefederten Vorderräder (links) und der Porsche Super mit 38 PS

Im oberbayrischen Forstern bauten die Brüder Albert und Josef Eicher 1936 ihren ersten Traktor. Der erste eigene Dieselmotor wurde 1947 in den ED (Eicher Diesel) 16 eingebaut. Mitte der 1950er Jahre erschien eine neue Dieselmotor-Reihe mit Typen von 13 bis 60 PS. Mit einer leicht modifizierten Motorhaube wurden 1957 der ED 26 und der ED 26 Allrad mit vier gleich großen Rädern präsentiert. Der ED 26 war mit dem luftgekühlten 26 PS Zweizylinder mit 2596 ccm Hubraum ausgerüstet und mit fünf Vorwärtsgängen und einem Rückwärtsgang. Kriechgang gab es auf Wunsch. Im fünften Gang erreichte der ED 26 bis zu 20 km/h. Er wog 1810 kg, war 2900 mm lang und 1550 mm breit.

Eicher ED 26 mit 26 PS (oben), ED 50 mit 50 PS (links) und ED 26 Allrad mit 26 PS (unten)

Eicher Dieselschlepper ED 40 mit 40 PS (oben), ED 26 mit
26 PS, Mähbalken und angebauter Seilwinde (Mitte) und Eicher
ED 60 mit 60 PS (unten)

Eine sehr leistungsstarke und moderne neue Reihe präsentierte Fendt 1958: fix, Favorit und Farmer. Die schnittige Form mit den integrierten Scheinwerfern kam gut an. Der Favorit 1 startete 1958 mit einem 40 PS Dreizylinder Dieselmotor mit 3120 ccm Hubraum und neun Vorwärts- und zwei Rückwärtsgängen und erreichte 20 km/h. Der Favorit 2 kam 1959 und war mit einem 46 PS Dreizylinder Dieselmotor und zehn Vorwärts- und zwei Rückwärtsgängen ausgerüstet. Der Favorit 3 schließlich wurde 1964 vorgestellt und hatte einen 52 PS Vierzylinder Dieselmotor eingebaut. 16 Vorwärts- und vier Rückwärtsgänge standen zur Verfügung. Der Favorit 1 wog 2350 kg und war 3500 mm lang und 1730 mm breit, der Favorit 2 brachte 2500 kg auf die Waage und maß 3600 mm in der Länge und 1800 mm in der Breite und der Favorit 3 war 2655 kg schwer, 3620 mm lang und 1800 mm breit.

Fendt Favorit 1 mit 40 PS (oben), Fendt Favorit 2 mit 46 PS (Mitte) und Fendt Favorit 3 mit 52 PS (unten)

D ie Fendt Farmer 1 und 2, die 1958 und 1960 erschienen, waren besonders erfolgreich. Sie erreichten 8456 beziehungsweise 23405 Exemplare. Der Farmer 1 war mit einem 25 PS Zweizylinder Dieselmotor mit 1700 ccm (1810 ccm) und sechs Vorwärts- und zwei Rückwärtsgängen ausgestattet. Er wog 1445 kg, war 2945 mm lang und 1575 mm breit. Der Farmer 2 hatte einen 34 PS Dreizylinder Dieselmotor mit 2010 ccm Hubraum und verfügte über acht Vorwärts- und vier Rückwärtsgänge. Er war 1800 kg schwer, 3260 mm lang und 1560 mm breit. Dass ein Farmer 2 schon 1961 der 100.000ste Fendt war, unterstreicht die Bedeutung der Marke Fendt.

Fendt Farmer 2 mit 34 PS (oben und Mitte) und Farmer 1 mit 25 PS (unten) Foto: Rudi Heppe

Mit dem D 40 S schickte Deutz 1958 erneut einen Verkaufsschlager ins Rennen. Er war ausgestattet mit dem Deutz 38 PS Motor F3L 712 und einer leicht veränderten, sehr ansprechenden Karosserie. Sieben Vorwärts- und drei Rückwärtsgänge standen zur Verfügung, im siebten Gang konnte bei Transport- und Leerfahrten die Höchstgeschwindigkeit von 20 km/h erreicht werden. Gebaut wurde der D 40 S bis 1960.

Der Deutz D 40 S in der Fertigung (oben), auf einem Verkaufsprospekt (Mitte) und bei der Arbeit (unten)

Mit der 1959 startenden Raubtierreihe gelang Eicher ein großer Wurf. Die Tiger, Panther, Leoparden, Königstiger und das Mammut prägten sich schnell ein und wurden bundesweit populär. 1959 kamen zunächst der Tiger und der Panther mit einem Eicher Zweizylindermotor und der Königstiger mit einem Eicher Dreizylindermotor. Der Tiger war 25 PS, der Panther 19 PS und und der Königstiger 35 PS stark. 1960 folgten der Leopard mit einem Eicher 15 PS Einzylindermotor und das Mammut mit dem Eicher 45 PS Dreizylinder. Im Lauf der Zeit bis zur Einstellung der Reihe 1978 wurden alle Raubtiere verstärkt, 1973 gesellte sich noch der Büffel hinzu.

Oben ist der Eicher Tiger 2 zu sehen, der 1963 erschien, und der seine Kraft aus einem Eicher 32 PS Dreizylindermotor mit 2550 ccm Hubraum bezog. Er hatte acht Vorwärts- und vier Rückwärtsgänge und erreichte im achten Gang 19,8 km/h. Der unten abgebildete Eicher Tiger stammt von 1961 und ist mit dem Eicher 28 PS Zweizylinder ausgestattet.

Eicher Raubtierreihe: Königstiger mit 39 PS Eicher Dreizylindermotor mit 2944 ccm Hubraum (links), Königstiger Allrad mit 40 PS Eicher Dreizylindermotor mit 2944 cmm Hubraum (Mitte oben), Mammut E 55 mit 50 PS Eicher Vierzylindermotor mit 3927 ccm Hubraum (Mitte unten) und Mammut E 65 mit 60 PS Vierzylindermotor mit 3927 ccm Hubraum.

Eicher Panther mit 22 PS (oben) und der Tiger 2 mit 32 PS und mit Eicher Großraum-Ladewagen vom Typ 7051 (unten)

Foto: Franz Rach

Einer der erfolgreichsten Schlepper, die Kramer in seiner langen Traktorenbaugeschichte auf den Markt brachte, war der KL 300 von 1960. Angetrieben wurde er von einem luftgekühlten 28 PS Zweizylinder Dieselmotor mit 1700 ccm Hubraum. Das neue Kramer Zehngang Hochleistungsgetriebe mit zwei Rückwärtsgängen verfügte über eine Zwischenschaltung und auf Wunsch war ein Schnellgang zu haben, in dem der Schlepper bis zu 30 km/h erreichen konnte. Der KL 300 war 1770 kg schwer, 3200 mm lang und 1590 mm breit. In einem Verkaufsprospekt wurde der KL 300 von Kramer so definiert: „Als Alleinschlepper im bäuerlichen Betrieb hat sich der KL 300 eine ständig steigende Nachfrage gesichert. Er bringt beste Voraussetzungen mit für das Pflügen, den Antrieb von Erntemaschinen und für die leichten Bestell- und Pflegearbeiten. Alle Kramer-Vorteile wirken bei diesem Schlepper zusammen, sie gewährleisten bequemes Fahren und bessere Arbeitsleistung."

Der stärkere Kollege des KL 300, der Kramer KL 400 mit 38 PS (oben und Mitte) und der KL 300 (unten)

Die 45 PS Traktoren R 3 gehörten zu den letzten, die MAN herstellte, bevor ein Jahr nach der 1962 erfolgten Zusammenlegung mit Porsche Diesel der Traktorenbau bei MAN ganz eingestellt wurde. Zwar galten die MAN Schlepper als gut, waren aber zu teuer und die Produktion schließlich nicht mehr rentabel. Dem MAN 4 R 3 mit Allradantrieb war der MAN Motor 8614 M 3 mit 2560 ccm Hubraum eingebaut und er verfügte über acht Vorwärts- und vier Rückwärtsgänge und auf Wunsch war ein Schnellgang zu haben, der bis zu 27 km/h ermöglichte. Der 4 R 3 war 2200 kg schwer und 3300 mm lang. Wie fast alle MAN Schlepper-Motoren seit 1955 war auch der 8614 M 3 ein sogenannter „M"-Motor. Es handelte sich um ein Verbrennungsverfahren für Dieselmotoren mit Direkteinspritzung, das durch den weit geöffneten Kugelbrennraum in der Mitte des Kolbens gekennzeichnet ist. In der Prospektwerbung hieß es: „Der MAN M-Motor zeichnet sich aus durch weichen ruhigen Lauf, große Elastizität im gesamten Drehzahlbereich, geringen Kraftstoffverbrauch, sehr lange Lebensdauer."

45 PS Schlepper MAN R 3 mit Hinterradantrieb als 2 R 3 (oben) und mit Allradantrieb als 4 R 3 im Schnittbild

Der MAN R 3 bei einer gemeinsamen Vorführungsveranstaltung von MAN und Porsche Diesel

Der Eicher Kombi Geräteträger wurde 1962 mit auf 30 PS verstärkter Leistung präsentiert. Der luftgekühlte Eicher Zweizylinder Dieselmotor hatte einen Hubraum von 1963 ccm, die Doppelkupplung war für fahrunabhängigen Zapfwellenbetrieb (Motorzapfwelle) ausgelegt und es standen acht Vorwärts- und vier Rückwärtsgänge zur Verfügung. Der erste Gang war als Kriechgang voll belastbar. Im achten Gang wurden 20 km/h erreicht und selbst im vierten Rückwärtsgang war der GT noch 10 km/h schnell. Der hydraulische Kraftheber schaffte ein Hubvermögen der Heckanlage von 750 mkg, die Hubkraft an der Ackerschiene betrug etwa 850 kg und der Frontlader hatte mit rund 500 kg keine Schwierigkeiten.

Der Eicher Kombi Geräteträger mit Drillmaschine (oben), Blick auf das „Cockpit" (links) und der GT bei der Arbeit (unten)

Eicher Kombi Geräteträger mit 30 PS. Unten arbeitet der Eicher Kombi mit der Isaria Universalaufbau-Drillmaschine mit Arbeitsbreiten von 2000, 2500 und 2700 mm, die von einer Person in jeweils fünf Minuten ein- oder ausgebaut werden kann – so steht es zumindest in einem Verkaufsprospekt von 1962.

Neue eckige Motorhauben präsentierte Hanomag 1963 mit dem Perfekt 400, in dem ein Hanomag 32 PS Vierzylindermotor mit 1800 ccm Hubraum arbeitete. Sechs Vorwärts- und zwei Rückwärtsgänge waren lieferbar und als Sonderausstattung wurde ein Getriebe für 25 km/h angeboten. Der Perfekt 400 war 3300 mm lang und 1560 mm breit und hatte eine Blockhydraulik mit zwei Schaltkreisen und einen Anschluß für Dreipunktaufhängung eingebaut.

Hanomag 32 PS Schlepper Perfekt 400

Die Instrumente des Perfekt 400

Perfekt 400: Arbeitsraum für Zwischenachsgeräte

Der Hanomag Robust 800 mit 75 PS, oben ein restaurierter Typ, gehört zu den großen legendären Hanomag Schleppern

Einen gewaltigen Schlepper präsentierte Hanomag 1964 mit dem Robust 800. Der verbesserte 75 PS Vierzylinder Dieselmotor D 941 R hatte einen Hubraum von 6800 ccm und war in langgestreckter Blockbauweise aufgebaut. Fünf Vorwärtsgänge und ein Rückwärtsgang standen zur Verfügung, im fünften Gang konnte man bis zu 20 km/h erreichen, im Schnellganggetriebe bis zu 25,2 km/h. Der Robust 800 wog 3520 kg, war 3800 mm lang und 1970 mm breit. Laut Verkaufsprospekt sprachen diese zehn Pluspunkte für den Robust 800: „1. Der 75 PS Motor; 2. Das bewährte Getriebe; 3. Die strömungsgerichtete Thermostat-Zweikreiskühlung; 4. Das günstige Gewicht; 5. Die starke Hydraulik; 6. Der ausgezeichnete Fahrkomfort; 7. Die unter Last schaltbare Motorzapfwelle; 8. Die gefederte Vorderachse; 9. Die guten Bremsen; 10. Die gewaltige Zugkraft."

Mit den roten „G"-Typen wurde bei Güldner das Ende des Traktorenbaus eingeleitet: 1969 war Schluss. Aber die Güldner-Schlepper leben weiter, sie erfreuen sich in der Oldtimerszene einer enormen Beliebtheit. Die 45 PS Traktoren G 45 und G 45 A (Allrad), und die 70 PS Schlepper G 75 und G 75 A erschienen 1965 in der neuen roten Farbgebung. Der G 45 schöpfte seine Kraft aus einem Vierzylinder Dieselmotor mit 3140 ccm Hubraum. Er hatte acht Vorwärts- und vier Rückwärtsgänge, im achten Gang wurden bis zu 19,7 km/h erreicht, in der Schnellgangausführung bis zu 25,9 km/h. Das Gewicht lag bei 2095 kg (Allrad 2405 kg) und die Länge bei 3480 mm, die Breite bei 1662 mm. Vordere und hintere Kotflügel gehörten mittlerweile zur Serienausstattung, ebenso die komplette Beleuchtungsanlage, aber den hydraulischen Kraftheber, Mähantrieb und Mähwerk, Rückspiegel und Komfortsitz gab es nur gegen Aufpreis.

Detailaufnahme der schnittigen neuen G-Reihe

Sie gehörten zu den letzten Güldner-Schleppern, der G 45 mit 45 PS (oben) und der G 60 mit 60 PS (unten)

Mitte der 1960er Jahre startete Schlüter durch: Die „bärenstarken" (Schlüter-Werbung) Super-Typen kamen. Dem Ruf der Landwirte nach leistungsstärkeren Schleppern wurde Schlüter gerecht. Der Super 750 zum Beispiel hatte einen Sechszylinder Dieselmotor mit 75 PS und 6372 ccm Hubraum. Er war mit Hinterradantrieb und mit Allrad im Angebot und mit zwölf Vorwärts- und sechs Rückwärtsgängen und Lenkradschaltung ausgestattet. Der Super 750 brachte ein Eigengewicht von 3600 kg (Allrad 4030 kg) auf die Waage, war 4337 mm lang und 1881 mm breit. „Beneidenswert, wer diesen bärenstarken Schlüter fährt", hieß es in der Werbung.

Schlüter Super 750 mit 75 PS. Rechts oben: Super E 3000 mit 45 PS, Super E 3900 mit 65 PS und Super E 5900 mit 80 PS. Unten ist ein Schlüter Super 500 V auf einem Ackergelände am Schlüterhof in Freising abgebildet

Die 1948 gegründeten VEB Traktorenwerke Schönebeck, die schon mit dem RS 04/30, dem KS 06 und dem Geräteträger RS 08/15 interessante Schlepper-Konstruktionen vorgelegt hatten, starteten nach eingehenden Tests 1967 die Serienproduktion des Zugtraktors ZT 300. Dieser wurde angetrieben von einem 90 PS (ab 1978 100 PS) Vierzylinder Dieselmotor mit 6560 ccm Hubraum. Neun Vorwärts- und sechs Rückwärtsgänge standen zur Verfügung. Der ZT 300 kam auf eine Länge von 4889 mm und war 2017 mm breit.

Foto: Manfred Weisbrod

Foto: Achim Bischof

Der Zugtraktor ZT 300 mit kleinen, angetriebenen Vorderrädern (oben), als Gleiskettenschlepper ZT 300-GB (Mitte) und der ZT 300 und der Tragtraktor TT 220, vor dem eine Variante des Geräteträgers RS 09/124 steht

Foto: Achim Bischof

uch für den Schlepperhersteller Hanomag ging eine traditionsreiche Ära zu Ende. Der Traktorenbau war nicht mehr rentabel und wurde 1971 eingestellt. Zuvor erschienen aber noch starke Zugschlepper wie der Brillant 600 mit 58 PS und der Brillant 700 mit 68 PS. Der 600 hatte einen Vierzylinder-, der 700 einen Sechszylinder Dieselmotor, beide verfügten über zwölf Vorwärts- und drei Rückwärtsgänge und auch die Breite war mit 1950 mm identisch. Die Länge differierte: der 600 kam auf 3750 mm, der 700 auf 3990 mm.

Hanomag Brillant 600 (oben) und Brillant 700 (unten)

Hanomag Brillant 600 mit 62 PS bei der Feldarbeit (oben) und der Hanomag Brillant 600 mit 58 PS (unten)

Eine neue Reihe startete 1968 bei Deutz, bei der jeder Typ auf 06 endete. Der kleinste war der D 2506 mit 22 PS, der stärkste der D 16006 mit 160 PS, der 1972 erschien. Alle Typen waren mit dem neu entwickelten Deutz Dieselmotor FL 912 mit Direkteinspritzung ausgestattet, die einzige Ausnahme bildete der D 16006, der von dem F8L 413 V angetrieben wurde. Einer der erfolgreichsten dieser Reihe war der D 5506, der als D 5506 A auch mit Allradantrieb geliefert wurde. Der Motor des D 5506 war ein luftgekühlter Deutz Vierzylinder Diesel mit 52 PS, einem Hubraum von 3768 ccm und acht Vorwärts- und vier Rückwärtsgängen. Der Schlepper war 3600 mm lang, 1890 mm breit und wurde von 1969-1974 gebaut.

Deutz D 4006 A mit 35 PS

Deutz D 6006 A mit 62 PS

Deutz D 5006 Allrad mit 45 PS

Deutz D 4506 mit 40 PS

Deutz D 5006 Allrad mit 45 PS

Deutz D 5006 mit 45 PS

Deutz D 130 06 A mit 120 PS

Deutz D 7006 mit 67 PS

Deutz D 6006 mit 62 PS

„Cockpit" des Deutz D 8006 mit 80 PS

Deutz D 6006 mit 62 PS

Die 80 PS und 95 PS starken Eicher Schlepper Wotan und Wotan II erschienen 1969. Damit war die Spitze aber noch nicht erreicht, 1973 erschien der Wotan 100 PS und 1983 der Wotan E mit 125. Der Wotan II war in Standard- und Allradausführung erhältlich und Eicher räumte jetzt zwei Jahre Garantie auf den Motor ein. Bei diesem handelte es sich um einen Sechszylinder Eicher Dieselmotor mit Direkteinspritzung mit 5890 ccm Hubraum. Bei dem Getriebe konnte man zwischen der Grundausführung mit zwölf Vorwärts- und fünf Rückwärtsgängen und der Ausführung mit Kriechgang oder Superkriechgang mit 16 Vorwärts- und sieben Rückwärtsgängen wählen. Die Länge der Standardausführung betrug 4030 mm, die der Allradausführung 4080 mm, die Breite war bei beiden Schleppern auf 2090 mm ausgelegt.

Heckansicht des Wotan mit 95 PS (oben), Eicher Sechszylindermotor mit Einzelgebläsekühlung und Direkteinspritzung (Mitte)

Eicher Wotan II bei der Arbeit (oben) und mit Umsturzschutz (unten)

Wie Spielzeugmodelle sehen sie aus, wie sie so schön ordentlich und sauber vor dem Gutshof Schlüter in Freising aufgebaut sind. Aber das täuscht. Die von Schlüter so genannte „neue Generation der bärenstarken Schlepper", die Traktomobile, haben es in sich: Insgesamt 12 Varianten werden 1971 angeboten, von 58 PS mit 3435 ccm Hubraum bis zu 185 PS mit 9504 ccm Hubraum. Und alle sind mit der stabilen klimatisierbaren Kabine zu haben, bei deren Konstruktion „zum ersten Mal auch an den Menschen gedacht wurde". Der Fahrersessel ist gepolstert und auf Größe und Gewicht des Fahrers einstellbar.

Blick in die komfortable Fahrerkabine, selbst an ein Radio ist gedacht (oben). Die Kabine ist mit Schiebetüren und Schiebefenstern ausgestattet (links). Parade der „Traktomobile" vor dem Gutshof Schlüter in Freising (unten).

MB trac 65/70 mit 65 PS (oben) und mit der Claas Rollenkolben Hochdruckpresse Dominant im Schlepp.

Der MB trac, den Mercedes-Benz 1972 auf den Markt brachte, basierte zwar auf dem Unimog und lief auch vom gleichen Band, war aber eine völlige Neuentwicklung. Er war mit vier gleich großen Rädern und echtem Allradantrieb konzipiert, das komfortable Fahrerhaus war in der Mitte des Fahrzeugs positioniert. Die Leistungen reichten von zunächst 65 PS bis später 150 PS. Portalachsen sorgten für die hohe Bodenfreiheit von etwa 500 mm. Der MB trac war sowohl eine kräftige Zugmaschine, als auch ein universelles Arbeitsgerät für den Landwirt: Mit drei An- beziehungsweise Aufbauräumen, die vorn, in der Mitte und hinten lagen, konnten vielfältige Gerätekombinationen eingesetzt werden. Der MB trac 65/70 (65 PS) war mit einem Vierzylinder Dieselmotor mit 3780 ccm ausgestattet. Er war 4170 mm lang, 2000 mm breit und 3200 kg schwer.

MB trac 1000 mit 100 PS, unten: MB trac
mit Ladewagen Claas Sprint 440 K

MB trac 1500 mit 150 PS,
oben mit Zwillingsbereifung

M it der 600er Favorit Reihe startet Fendt 1972 in die Klasse der ganz großen Traktoren. Der Favorit 610 S wird mit 85 PS, 5100 ccm Hubraum und zwölf Vorwärts- und sechs Rückwärtsgängen angeboten, der 611 S mit 105 PS, 6230 ccm Hubraum und 16 Vorwärts- und acht Rückwärtsgängen und der 612 S mit 120 PS, 6300 ccm Hubraum und 16 Vorwärts- und sieben Rückwärtsgängen. Auf Wunsch ist der 612 S mit 20 Vorwärts- und neun Rückwärtsgängen erhältlich. Die Schlepper sind 4400 mm lang und 2150 mm breit. Der 610 S ist 3930 kg schwer, der 611 S 4100 kg (Allrad 4515 kg) und der 612 wiegt 4820 kg.

Blick auf den Fahrersitz und die Bedienelemente des Favorit 610 S (oben), 611 LS mit Fendt Frontlader (links) und Favorit 611 S (unten)

Fendt Favorit 612 S mit 120 PS (oben) und Fendt Favorit 610 S mit 85 PS (unten)

Gleichzeitig mit der starken Favorit-Reihe brachte Fendt 1972 auch eine neue Reihe im unteren Leistungsbereich heraus, die Farmer 100er Reihe. Diese Reihe reichte vom Farmer 102 mit 40 PS und 2550 ccm Hubraum bis zum Farmer 106 S mit 65 PS und 4150 ccm Hubraum. Alle Typen waren sowohl mit Hinterrad-antrieb, als auch mit Allrad lieferbar. Der Farmer 106 S hatte 13 Vorwärts- und vier Rückwärtsgänge, war 3820 mm lang, 1980 mm breit und wog 2990 kg, die Allradver-sion brachte es auf 3405 kg.

Fendt Farmer 106 S mit 65 PS (oben), Farmer 103 mit 48 PS (oben rechts), Farmer 105 mit 58 PS (rechts) und Farmer 103 S mit 48 PS (unten)

Fendt Farmer 102 S mit 42 PS (oben) und Fendt Farmer 105 S mit 60 PS (unten)

Kramer Allrad 1014

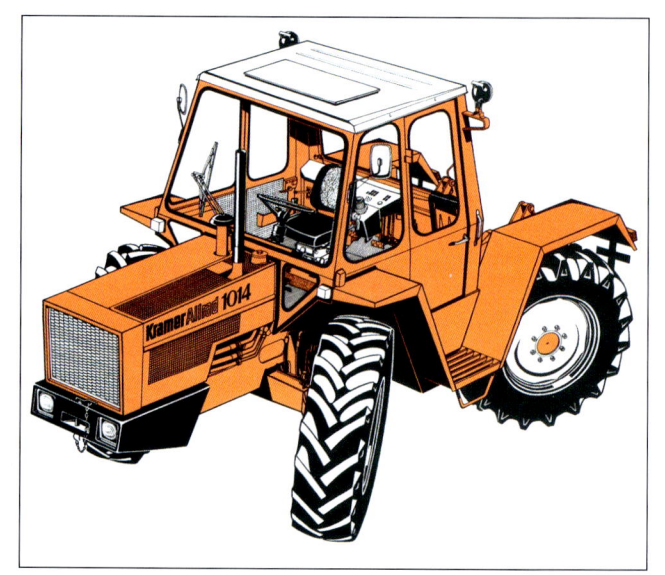

Der 1973 erschienene Kramer Allrad 1014 Zweiwege-trac wurde als Sensation gefeiert. Erstmals war es gelungen, das Trac Konzept mit Anbaubäumen vor, hinter und auf dem Traktor umzusetzen. Es gab damals kaum einen Schlepper, der beweglicher oder vielfältiger einsetzbar gewesen wäre. Er war eine echte Allradzugmaschine und zugleich ein hervorragender Ackerschlepper. Seine Leistung bezog der 1014 von dem Deutz 105 PS Sechszylindermotor F6L 912/913. Geschäftlich war der 1014 allerdings kein Erfolg, er kam zu früh, die passenden Geräte standen noch nicht zur Verfügung und die Landwirte konnten sich nicht so schnell an dieses hochtechnische Gerät gewöhnen.

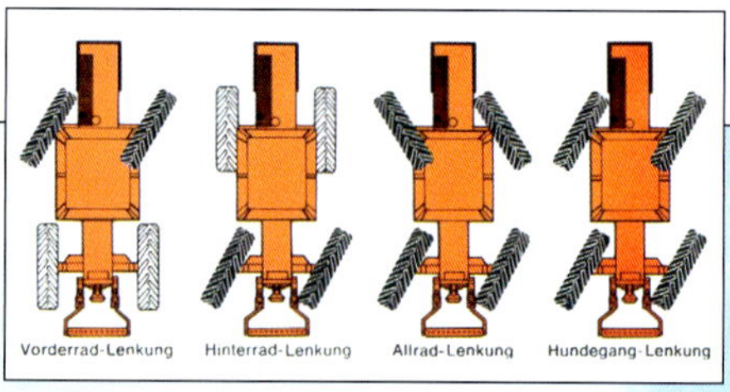
Vorderrad-Lenkung
Hinterrad-Lenkung
Allrad-Lenkung
Hundegang-Lenkung

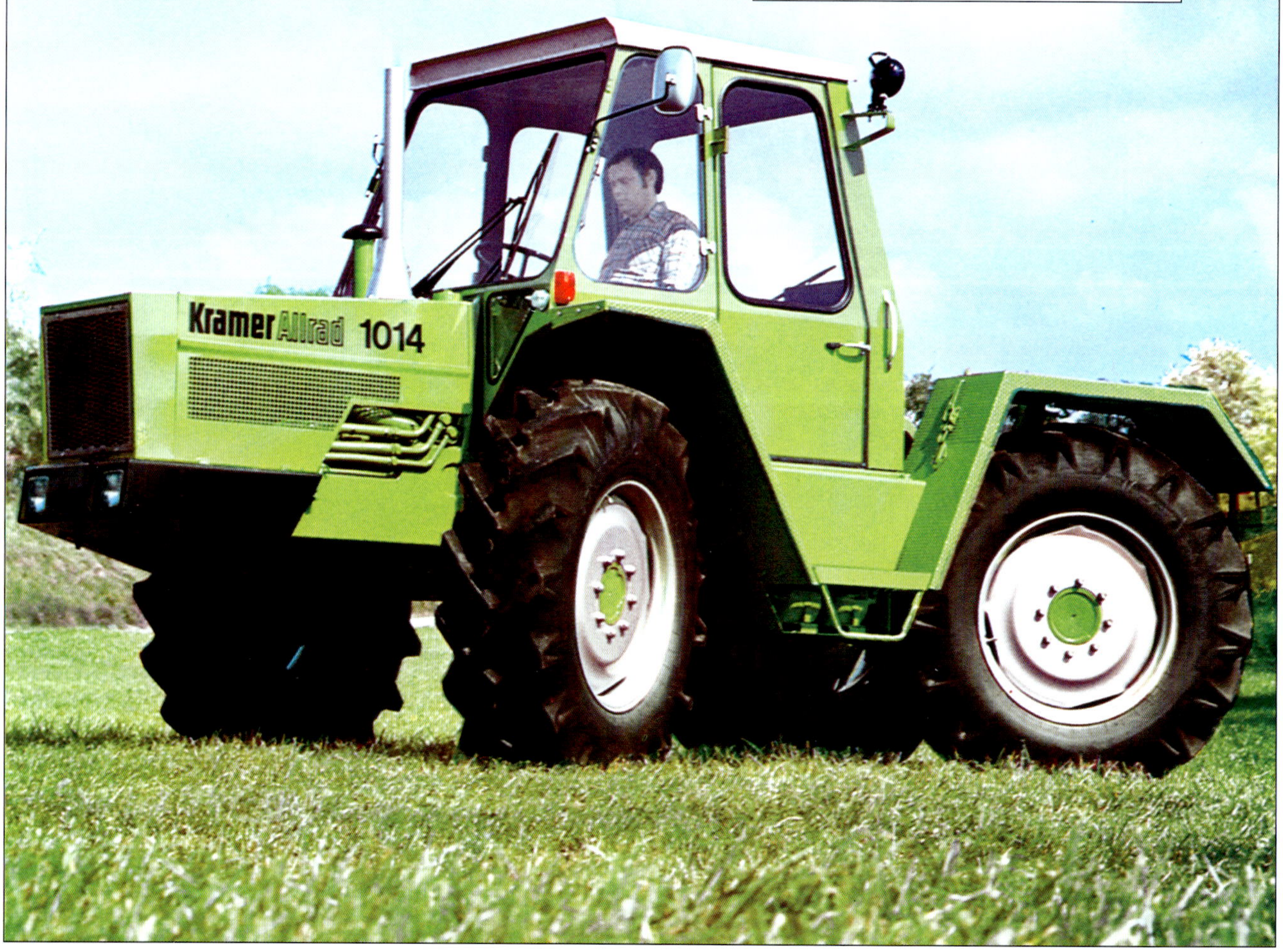
Kramer Allrad 1014

Kramer Allrad 1014 Zweiwege-trac

Der Deutz DX 160 mit 150 PS und 6125 ccm Hubraum wiegt 5850 kg. Rechts wird die Flexibilität des Allradsystems gezeigt

Eine hochmoderne neu entwickelte Schlepperreihe brachte Deutz 1978 heraus: Die DX Traktoren mit Leistungen von 80 bis 150 PS. Aus dieser Reihe stachen besonders der DX 85 und der DX 90 heraus, in die erstmals ein Fünfzylindermotor eingebaut war. Bemerkenswert sind auch die geschlossenen Kabinen EuroCab und MasterCab, die geräuschgedämpft sind. Front- und Heckscheibe sind aufstellbar. Der Fahrersessel ist siebenfach verstellbar. Bis auf den DX 160 A waren alle Typen mit zwölf Vorwärts- und vier Rückwärtsgängen ausgestattet. Der DX 160 A verfügte über das 36/12 Deutz Powermatic-Getriebe. Diese Schlepperreihe wurde bis 1983/84 gebaut.

ie so genannten „kleinen" Farmer brachte Fendt 1987 auf den Markt, ein gelungener Wurf. Diese kompakten und formschönen Schlepper waren genau die richtigen für die vielen bäuerlichen Klein- und Mittelbetriebe und wurden entsprechend geordert. Es handelte sich um die Typen 240 S mit 40 PS und 2826 ccm Hubraum, 250 S mit 50 PS und 2826 ccm Hubraum, 260 S mit 60 PS und 3064 ccm Hubraum und 275 S mit 75 PS und 4086 ccm Hubraum. Laut Fendt-Werbung sollte das bevorzugte Einsatzgebiet dieser Schlepper von Mähen, Laden, Futteraufbereiten und Transportieren bis hin zu Bestell-, Pflege- und Frontladearbeiten reichen. Der kleinste Schlepper dieser Reihe, der 240 S, war 3535 mm lang und 1675 mm breit, der größte dagegen, der 275 S, war 3646 mm lang und 1880 mm breit.

Fendt Farmer 275 S mit 75 PS (oben) und Fendt Farmer 260 S mit 60 PS (unten)

Fendt Farmer 275 S mit 75 PS bei der Arbeit (oben) und Fendt Farmer 260 S mit 60 PS genießt den Feierabend und Sonnenuntergang (unten)

Sonderkulturen, wie beispielsweise Wein-, Obst- und Hopfenanbau, stellen an Traktoren besondere Anforderungen, spezielle Konstruktionen sind gefragt. Der 1000 mm breite Schmalspurtraktor Deutz Fahr DX 3, der 1987 erscheint, bietet hervorragende Lösungen. Mit Leistungen von 46 bis 75 PS ist er sehr kräftig motorisiert, die Gewichtsverteilung von 40:60 Prozent auf Vorder- und Hinterachse ermöglicht eine vielseitige Nutzung der vier Anbauräume. Alle Typen sind mit 8/4, 12/4, 16/8 oder 24/8 Gängen lieferbar. Die geschlossene Fahrerkabine, die mit Heizung und Belüftung ausgestattet ist, kann mit vier Schrauben problemlos demontiert werden.

Blick auf das Heck des Schmalspurtraktors Deutz Fahr DX 3.30 F mit Kabine (oben). DX 3.30 V bei der Weinpflege (unten)

Deutz Fahr Schmalspurtraktor DX 3.90 F mit 75 PS (links und Röntgenbild unten) und DX 3.70 mit 70 PS (rechts)

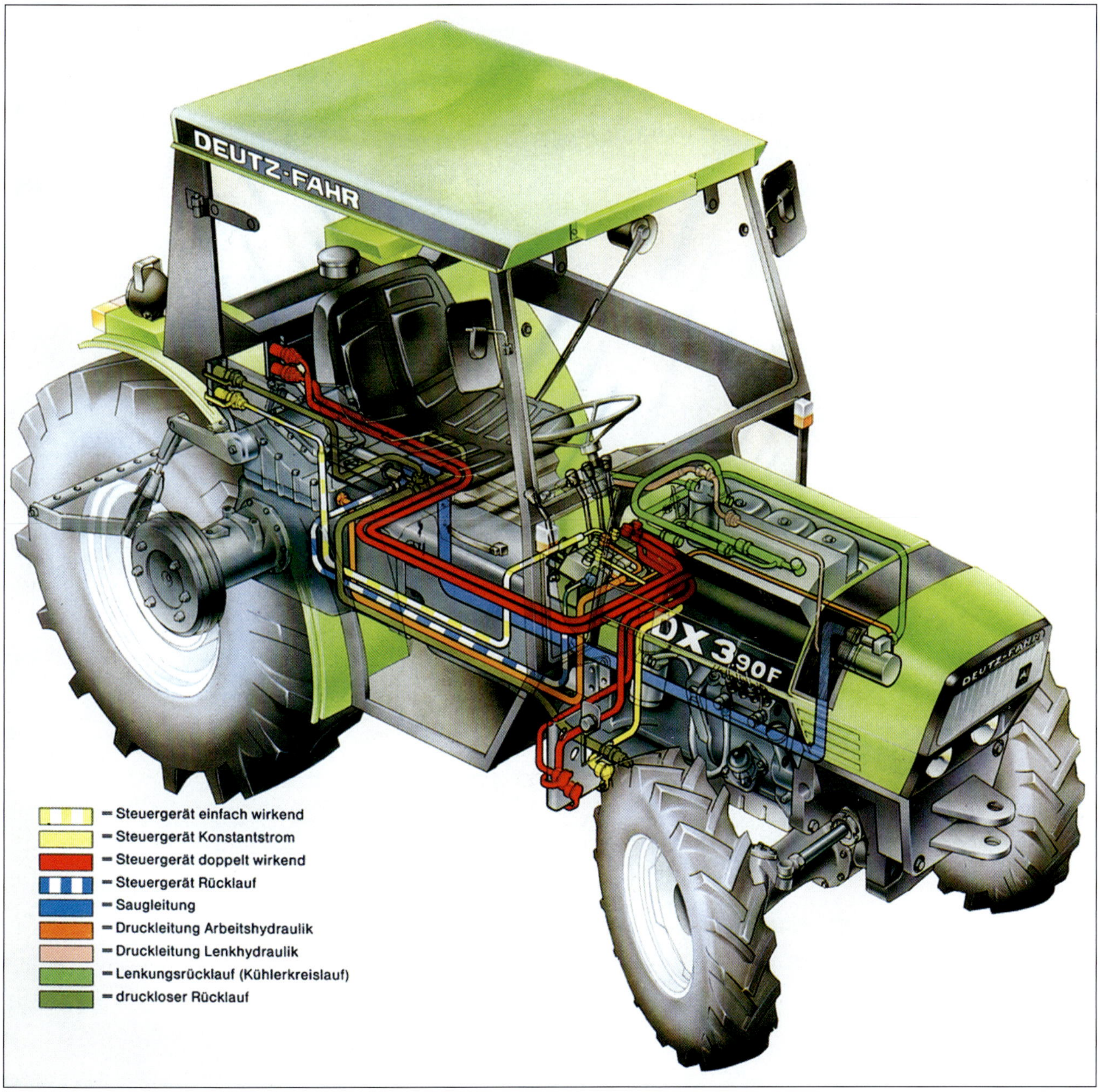

- ▭ = Steuergerät einfach wirkend
- ▭ = Steuergerät Konstantstrom
- ▭ = Steuergerät doppelt wirkend
- ▭ = Steuergerät Rücklauf
- ▭ = Saugleitung
- ▭ = Druckleitung Arbeitshydraulik
- ▭ = Druckleitung Lenkhydraulik
- ▭ = Lenkungsrücklauf (Kühlerkreislauf)
- ▭ = druckloser Rücklauf

Die Eicher Landmaschinen-Vertriebs GmbH in Landau bot 1993 leistungsstarke Kompaktschlepper mit 35, 42 und 45 PS an. Auch hier waren Wein-, Obst und Hopfenbauern angesprochen, die recht kurzen (2495 mm), schmalen (905 mm) und niedrigen (1920 mm mit Bügel/2000 mm mit Kabine) Schmalspurschlepper eigneten sich auch für Hanglagen. Elf Vorwärts- und zwei Rückwärtsgänge standen zur Verfügung, die Höchstgeschwindigkeit lag bei 25 km/h.

Kompaktschlepper Eicher 642 Turbo mit 42 PS (oben rechts), Eicher 635 mit 35 PS und geschlossener Fahrerkabine (oben links) und Eicher 635 mit Überrollbügel (unten)

Deutz Fahr Agrotron 90 mit 88 PS (oben), Agrotron 1160 TTV mit 150 PS (unten) und die Version von 1995 (links)

Mit einem atemberaubenden, zukunftsweisenden Outfit erschien 1995 der Agrotron mit seiner markanten Schräghaube mit den Rundungen. Zwölf Varianten von 68 bis 145 PS standen zur Auswahl, der Hubraum belief sich von 3192 ccm bis 7146 ccm beim stärksten Modell. In den unteren Bereichen war der Agrotron mit einem Vierzylindermotor ausgerüstet, ab der 95 PS Variante stand ein Sechszylinder zur Verfügung. Bis zum 95 PS Schlepper wurde wahlweise Synchrosplit oder Powershift mit 36/12 Gängen angeboten. Bei den stärkeren Modellen konnte man zwischen Synchrosplit mit 30/10 Gängen oder Powershift mit 40/40 Gängen wählen.

Am Ende des 20. Jahrhunderts und am Anfang des 21. Jahrhunderts bietet Fendt eine faszinierende Palette leistungsstarker und chic durchgestylter Traktoren an. Die Bezeichnungen Farmer und Favorit sind immer noch im Programm, neue, wie Xylon und Vario, hinzugekommen. Bis zu 270 PS leisten die Schlepper, wie zum Beispiel im Favorit 926 Vario, dessen Turbomotor 6870 ccm Hubraum aufweist. Mit seinem stufenlosen Getriebe erreicht er 50 km/h.

Fendt 818 mit 180 PS (oben), Fendt Farmer 409 mit 85 PS (links) und Fendt Favorit 818 mit 190 PS

Fendt 818 Vario mit 180 PS (unten und oben)

Fendt Farmer 412 Vario, das Topmodell von 1999, ist ein äußerst kompakter High-Tech-Schlepper mit 120 PS (oben)

Literatur

Wanner, Georg
Lexikon der Kraftfahrt
München 1953

Hermann, Klaus
Traktoren in Deutschland
Frankfurt/Main 2000

Blumenthal, Reinhard
Technisches Handbuch Traktoren
Berlin 1960

Rönicke, Frank
Verdiente Aktivisten
Stuttgart 2002

Sack, Walter
Güldner Traktoren und Motoren
Brilon 1998

Bach, Michael / Wagner, Wolfgang
Prospekte berühmter Traktoren
von 1914-1945, Brilon 1997

Bach, Michael / Wagner, Wolfgang
Prospekte berühmter Traktoren
Straßenschlepper, Brilon 1998

Bach, Michael / Wagner, Wolfgang
Prospekte berühmter Traktoren
der fünfziger Jahre, Brilon 1998

Bach, Michael
Die berühmtesten deutschen Traktoren
aller Zeiten, Brilon 1994

Sack, Walter
Eicher Traktoren und Landmaschinen
Brilon 1996

Heppe, Rudi
Unimog & MB-trac
Brilon 2001

Wagner, Wolfgang
Raupenschlepper Prospekte
Brilon 2001

Hummel, Jürgen
Typenbuch deutsche Feldkolosse
Stuttgart 1999

Thebis, Reinhold
Traktoren und Raupenschlepper
Leipzig 1926

Weitere Bücher unseres Verlages

Fordern Sie unser Gesamtverzeichnis an, das wir Ihnen kostenlos und unverbindlich liefern mit Büchern über Autos, Motorräder, Lastwagen, Traktoren, Feuerwehrfahrzeuge, Baumaschinen und Lokomotiven:

Verlag Podszun Motorbücher GmbH
Elisabethstraße 23–25, 59929 Brilon
Telefon 02961-53213, Fax 02961-9639900
Email info@podszun-verlag.de
www.podszun-verlag.de

Die Mähdrescher in Deutschland in drei Bänden: Band 1: Bautz, Claas, Dechentreiter, Fahr (Deutz-Fahr), Fella und Fendt.

136 Seiten, 305 Abbildungen
28 x 21 cm, fester Einband
Bestellnummer 315   EUR 24,90

Mähdrescher-Marken in Band 2: Fiatagri (Laverda), Fortschritt (MDW), International (Case IH) John Deere und Ködel & Böhm.

160 Seiten, 333 Abbildungen
28 x 21 cm, fester Einband
Bestellnummer 406   EUR 24,90

Mähdrescher-Marken in Band 3: Lanz, Massey-Ferguson, Mengele, New Holland (Ford), Sampo Rosenlew und andere.

144 Seiten, 350 Abbildungen
28 x 21 cm, fester Einband
Bestellnummer 407   EUR 24,90

Michael Schauer stellt Miststreuer und Güllewagen, ausgestattet mit den modernsten technischen Systemen, vor.

144 Seiten, 300 Abbildungen
28 x 21 cm, fester Einband
Bestellnummer 475   EUR 19,90

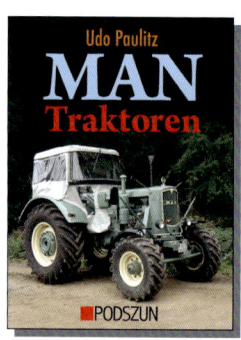

Lückenlose Typologie aller MAN-Schlepper mit exzellenten Fotos, von denen viele erstmals veröffentlicht werden.

160 Seiten, 350 Abbildungen
28 x 21 cm, fester Einband
Bestellnummer 473   EUR 29,90

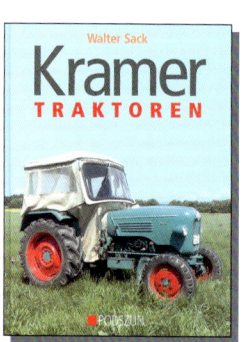

Umfassende Chronik aller Traktoren der berühmten Marke Kramer, von den Anfängen 1925 bis zur Einstellung.

160 Seiten, 330 Abbildungen
28 x 21 cm, fester Einband
Bestellnummer 410   EUR 24,90

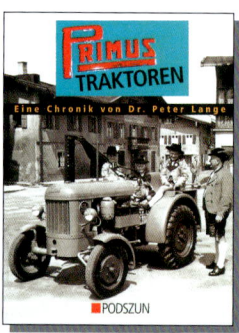

Die spannende Geschichte des Primus-Traktorenbaus mit ausführlicher Typologie und vielen bisher unbekannten Fotos.

152 Seiten, 310 Abbildungen
28 x 21 cm, fester Einband
Bestellnummer 347   EUR 24,90

Die komplette Eicher-Story: Völlig überarbeitete und erweiterte Neuauflage der Erstausgabe von 1996.

222 Seiten, 420 Abbildungen
28 x 21 cm, fester Einband
Bestellnummer 381   EUR 29,90

Entwicklung und Funktionsweise der Anbaugeräte sowie die Hersteller mit ihren wichtigsten Geräten in Wort und Bild.

152 Seiten, 550 Abbildungen
28 x 21 cm, fester Einband
Bestellnummer 441   EUR 29,90

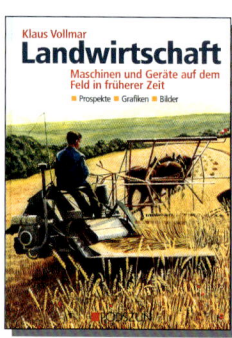

Die frühe Zeit der Maschinen und Geräte auf dem Feld anhand seltener Originalprospekte und anderer Dokumente.

144 Seiten, viele Abbildungen
29 x 21 cm, fester Einband
Bestellnummer 323   EUR 19,90

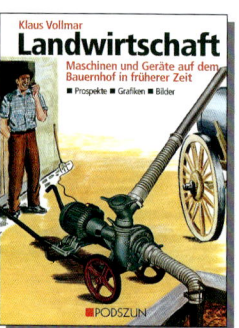

Hier wird gezeigt, mit welchen Maschinen und Geräten auf dem Bauernhof in früherer Zeit gearbeitet wurde.

136 Seiten, viele Abbildungen
29 x 21 cm, fester Einband
Bestellnummer 308   EUR 19,90

Belarus aus Minsk, Zetor aus Brünn, Ursus aus Warschau, Kirowetz aus Leningrad, Nati, Roter Stern und viele andere.

128 Seiten, 300 Abbildungen
28 x 21 cm, fester Einband
Bestellnummer 455   EUR 24,90

Pionier, Brockenhexe, Rübezahl, Maulwurf, Urtrac usw.: Lückenlose Chronik aller in der DDR gebauten Schlepper.

136 Seiten, 310 Abbildungen
28 x 21 cm, fester Einband
Bestellnummer 348   EUR 19,90

Die ungarische Staatsspedition, Gergen und Jung, Erinnerungen eines „Fuhrmanns", HACO Transport GmbH u.a.

144 Seiten, 345 Abbildungen
24 x 17 cm, Leinenbroschur
Bestellnummer 500 EUR 14,90

Atelfond Krane & Bagger, Cat-Scraper, Fahrzeuge für den Tunnelbau, Abbruchfirma Luff, Bau der BAB A 14/A 61 u.a.

144 Seiten, 280 Abbildungen
24 x 17 cm, Leinenbroschur
Bestellnummer 501 EUR 14,90

Famo Traktoren, Hanno Straßenschlepper, Tragschlepper, Das Fendt Agrobil S, Dieselmotor im Traktorbau u.a.

144 Seiten, 295 Abbildungen
24 x 17 cm, Leinenbroschur
Bestellnummer 499 EUR 14,90

Uniknick Forstschlepper, 0Mulag Firmengeschichte, MB-trac bei Mändle, Unimog Generalvertretung Mayer u.a.

144 Seiten, 280 Abbildungen
24 x 17 cm, Leinenbroschur
Bestellnummer 504 EUR 14,90

Filmerlebnis der unterschiedlichsten Maiserteverfahren mit Maschinen von Claas, Deutz, Fendt, MB-trac, John Deere und anderen.

DVD, 60 Minuten
Bestellnummer 491 EUR 19,90

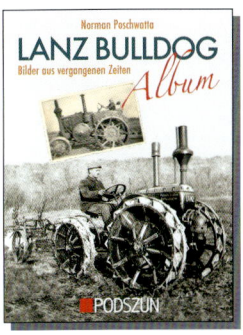

Einzigartige Sammlung von Fotografien aus den besten Jahren des Lanz Bulldog im Einsatz auf dem Feld und auf der Straße.

168 Seiten, 440 Abbildungen
28 x 21 cm, fester Einband
Bestellnummer 387 EUR 24,90

Anhand ungewöhnlicher Einsatzfotos zeichnet Oliver Aust di traditionsreiche Geschichte der Deutz-Traktoren nach.

144 Seiten, 340 Abbildungen
28 x 21 cm, fester Einband
Bestellnummer 346 EUR 24,90

Ungewöhnliche Abbildungen von allen MB-trac-Baureihen bei der Arbeit in der Landwirtschaft.

120 Seiten, 255 Abbildungen
28 x 21 cm, fester Einband
Bestellnummer 423 EUR 24,90

Mit unzähligen Fotos von Fendt-Schleppern im Einsatz dokumentiert der Autor die Zeit von etwa 1970 bis heute.

144 Seiten, 395 Abbildungen
28 x 21 cm, fester Einband
Bestellnummer 355 EUR 24,90

Die jahrzehntelange Geschichte des größten Erfolges der Landtechnik, des Fendt GT, wird umfassend dargestellt.

144 Seiten, 500 Abbildungen
28 x 21 cm, fester Einband
Bestellnummer 418 EUR 24,90

Die spannende Technik aller deutschen Holzgastraktoren mit vielen Abbildungen und technischen Daten.

176 Seiten, 360 Abbildungen
28 x 21 cm, fester Einband
Bestellnummer 417 EUR 29,90

Das zweite Unimog Prospekte-Buch mit Original-Prospekten, die den Unimog in unzähligen Einsatzbereichen zeigen.

128 Seiten, viele Abbildungen
29 x 21 cm, fester Einband
Bestellnummer 458 EUR 19,90

Rottne, Pfanzelt, HSM, Burger, Kockums, Komatsu, Ponsse, Valmet, Atlas-Kern, Pinox Oy, Caterpillar, Terex Fuchs u.a.

160 Seiten, 420 Abbildungen
28 x 21 cm, fester Einband
Bestellnummer 453 EUR 29,90

Skogsjan, Eco Log, MHT, Log Max, Kotschenreuther, Welte, Logset, FMG, Timberjack, John Deere, Gremo, Preuss, Case u.a.

168 Seiten, 380 Abbildungen
28 x 21 cm, fester Einband
Bestellnummer 454 EUR 29,90

Lastwagen und auch Traktoren und Unimogs der aktuellen Fahrzeugsysteme im Lang- und Kurzholzbereich.

144 Seiten, 360 Abbildungen
28 x 21 cm, fester Einband
Bestellnummer 471 EUR 24,90